AF573324

Ingolf Hofmann

Imkern leicht gemacht!

2. Auflage 2021

E-Mail: loewenzahn@studienverlag.at
Internet: www.loewenzahn.at

Umschlaggestaltung: Judith Hausmann, Eine Augenweide, www.eine-augenweide.com
Buchgestaltung sowie grafische Umsetzung: Gudrun Platzl, Eine Augenweide, www.eine-augenweide.com

Bildnachweis:
Fotos Umschlagtitel:
Bilder oben links und rechts: Harald Hörtler
Bild Mitte oben: Ingolf Hofmann
Bild unten: Pixabay
Fotos Rückseite Umschlag:
Bilder links und Mitte: Harald Hörtler
Bild rechts: Pixabay
Fotos Innenteil:
Alle Fotos Ingolf Hofmann, außer:
Annette Hofmann: S. 4 oberstes Bild, S. 142 oben
Gabi Hörtler: S. 142 unten
Harald Hörtler: S. 5 oberstes Bild, S. 5 Mitte, S. 6 oberstes u. unterstes Bild, S. 8 Bild Mitte links u. links unten, S. 19, S. 23, S. 26, S. 27 links oben, S. 29 links, Seite 31, S. 32, S. 33 rechts unten, S. 34, S. 35, S. 37 rechts unten, S. 44, S. 47, S. 56, S. 58, S. 70, S. 76 rechts unten, S. 81
Heinz Riedl: S. 4 zweites Bild von oben, S. 10, S. 18, S. 45 oben, S. 68 oben, S. 74 unteres Bild
Österreichischer Imkerbund, Lehrmappe „Unsere Honigbiene": S. 27 Zeichnungen, S. 30, S. 33 oben
Pixabay: S. 4 Bild Mitte, S. 5 zweites Bild von oben u. zweites Bild von unten, S. 8 Bilder rechts u. Bild oben, S. 13, S. 21, S. 39, S. 42, S. 46, S. 50 oben, S. 54, S. 63, S. 65 unten, S. 69, S. 72, S. 75 rechts, S. 76 Bilder links und Mitte rechts, S. 86, S. 93, S. 95, S. 102, S. 104 oben, S. 109 oben, S. 115, S. 117 oben, S. 118 alle Bilder außer Mitte links

Gedruckt auf umweltfreundlichem, chlor- und säurefrei gebleichtem Papier.

Bibliografische Information Der Deutschen Bibliothek
Die Deutsche Bibliothek verzeichnet diese Publikation in der Deutschen Nationalbibliografie; detaillierte bibliografische Daten sind im Internet über <http://dnb.ddb.de> abrufbar.

978-3-7066-2612-5

Ingolf Hofmann

Imkern leicht gemacht!

Das ganze Wissen über die natürliche Bienenhaltung

Löwenzahn

Inhalt

Mein selbstgebautes Imkerzubehör

Wissenswertes rund ums Imkern

Mit Leidenschaft zur Imkerei!

„Ein Bienenvolk ist etwas Rundes in einer eckigen Kiste." Diese plastische Beschreibung erhielt ich vor 40 Jahren von meinem Imker-Paten. Der ältere Herr war für mich ein Glücksfall: Er zeigte mir mit einfachen Worten, was auf einer Wabe vor sich geht, was alte und junge Bienen für Arbeiten erledigen. Er ließ mich wissen, wie man mit diesem Volk am besten umgeht. Er erklärte auch das Warum, und zwar so, dass ich es verstand. Es gibt nämlich enormes Wissen innerhalb der Imkerschaft. Es gibt aber nur ganz wenige, die es griffig erklären können. Dazu kommt, dass zwischen Imkern von Haus aus gerne gestritten wird. Das beginnt bei der Wabengröße und endet bei der Bienenrasse. Neuerdings schaffen manche das Rähmchen wieder ab und halten es für erforderlich, dass Bienen wieder wild bauen – wie einst im hohlen Baum. Spötter mutmaßen, Bienengift sei schuld an der Eigenbrötlerei unter Imkern, und die würde irgendwie sogar vererbt. Es gibt praktisch keinen Bereich, der von allen als Lehrmeinung unangefochten akzeptiert wird. Fällt nun ein Neuimker gleich am Anfang einer experimentellen Randgruppe zum Opfer, wird der Traum von eigenen Bienen schnell zum Alptraum.

Seit vielen Jahren vermittle ich Anfängern den Einstieg in die Imkerei. Das anfangs beschriebene Bild von der Kugel aus tausenden Bienen eines Volkes ist dabei immer präsent. Die Imkerei mit einfachen Worten begreiflich zu machen, das ist das Ziel dieses Buches.

Es kann sich jeder Imker mit einfachen Mitteln helfen beim Eigenbau von Rähmchen und Beuten. Hilfsmittel für den Transport erleichtern die Arbeit erheblich, bis hin zur eigenen Stockkarte oder einem Stockmeißel, der gut in der Hand liegt. Diese hilfreichen Dinge sind in 40 Jahren Imkerei bei mir entstanden und im Einsatz. Im zweiten Teil dieses Buches werden sie vorgestellt. Nachbau ist ausdrücklich erwünscht, Kosten spart man damit auf jeden Fall.

Nur scheinbar ein Chaos – jede Biene im Volk weiß, was sie zu tun hat.

Das große Imker-Einmaleins

Ideal ist es, wenn der Bienenstand im Sommer im Schatten liegt. Das schätzen sowohl Bienen als auch der Imker. Die Laubbäume werfen im Winter die Blätter ab. Deshalb wärmt die Sonne die Bienenstöcke in der kalten Jahreszeit. Die Bienen haben damit Gelegenheit zum Reinigungsflug.

Grundsätzliche Überlegungen

Der richtige Platz

Der richtige Platz für die Bienen entscheidet darüber, ob sich die Völker später stark entwickeln und gesund bleiben. Ausrichtungen nach Südost bis Südwest eignen sich grundsätzlich. Dann scheint die Sonne über längere Zeit auf das Flugloch, die Sammelbienen können für lange Zeiten unterwegs sein. Folglich ist auch das Sammelergebnis höher.

Schutz vor starkem Wind verhindert, dass bei kühler Witterung zu viele Flugbienen verloren gehen. Die Sammler erreichen häufig mit allerletzter Kraft ihren Stock. Ein schützender Rain, eine Hecke, eine Hauswand oder ein Gartenzaun gegen Norden oder Westen sind nützlich.

Wo im Winter an einem geschützten Hecken- oder Waldrand der Schnee zuerst taut, dort ist ein guter Platz. Normalerweise sitzen Bienen in der kalten Jahreszeit eng zusammengedrängt in ihrer Behausung. Einen sonnigen Wintertag, bevorzugt mittags bei Temperaturen ab 10 Grad Celsius, nutzen Bienen jedoch zum Reinigungsflug: Sie fliegen eine kurze Runde und koten ab. Stehen Bienenstöcke zu schattig und werden die Temperaturen dort nicht erreicht, geschieht dies im Stock. Infektionen sind die Folge, nicht selten sterben Völker ab.

Kalte, feuchte Luft muss talwärts abfließen können. Ideal wäre ein sonniger Platz im oberen Bereich einer Wiese. Ein feuchter Talgrund sowie ein Platz neben einem Teich oder Fluss sind ungeeignet. Hier werden die Temperaturen für den Reinigungsflug im Winter häufig nicht erreicht, im Sommer sind die Sammelflüge kurz.

Der Imker ist später dankbar, wenn er mit dem Auto – oder wenigstens mit der Schiebetruhe – zu seinen Stöcken fahren kann. Schließlich müssen volle Honigzargen abtransportiert, leere herangeschafft werden. Das Verstellen und Wandern mit Bienenvölkern ist ohne Transportmittel unmöglich.

Besteht eine solche Zufahrt auf dem eigenen Grundstück nicht, sollte man sich nach einem Platz in erreichbarer Nachbarschaft umsehen.

Apropos Nachbarn: Bei gesundem Menschenverstand sind diese froh, wenn im Viertel ein Imker neu beginnt. Auf jeden Fall sollte der Nachbar über die Absicht, Bienen halten zu wollen, informiert werden. Die Grenzabstände für Bienenstände sind im Zivilrecht (im Bürgerlichen Gesetzbuch) geregelt. Auskünfte darüber gibt die jeweilige Gemeindeverwaltung.

In eng bebauten Siedlungen, besonders wenn die Fluglöcher zum Nachbarn zeigen, können Bienen als lästig empfunden werden. Zur Not können ein mannshoher Zaun oder eine Matte die Bienen zum hohen An- und Abflug zwingen.

Wie viel Zeit erfordert die Bienenhaltung?

Einmal pro Woche sollte der Imker seine Bienenstöcke betreuen. So viel Zeit muss in der Spanne von Mitte März (je nach Frühlingsbeginn) und Mitte September sein. In diesen Zeitraum fallen das rasante Wachstum zur Blütezeit, die Erweiterung der Völker, die Honigernte, die Bildung neuer Bienenvölker, die Versorgung von Bienenschwärmen, das Einengen (Abräumen) im August, eine Varroa-Behandlung und das Füttern.

Für das Vorbereiten, Hin- und Wegräumen von Zargen und Rähmchen, das Anzünden von Rauchgerät usw. benötigt man erfahrungsgemäß etwa 30 Minuten pro Woche. Drei bis fünf Bienenvölker sind für den neuen Imker anfangs genug. Pro Volk sollte der Anfänger mindestens 15 Minuten einkalkulieren. Wird ein Volk erweitert (aufgesetzt) oder will es schwärmen, kann sich diese Zeit gut verdoppeln. Sinnvoll ist es zudem, sich einige Zeit für die Beobachtung der Fluglöcher zu nehmen. Dabei lässt sich viel über den inneren Zustand des Bienenvolkes herausfinden.

Darüber hinaus gibt es einige Arbeitsspitzen im Jahr. Mindestens zweimal kann Honig geschleudert werden: Für das Vorbereiten und spätere Säubern des Raumes und das Schleudern selbst ist jeweils ein Tag zu kalkulieren. Im Hochsommer müssen die Bienenvölker gegen die Varroa-Milbe behandelt werden, und sie erhalten unmittelbar darauf ihr Winterfutter. Auch dafür ist noch einmal Zeit einzuplanen. Ab Mitte September beschränkt sich die Fürsorge für die Bienenvölker auf gelegentliche Fluglochbeobachtung.

Das Ausbessern von Bienenkästen, das Streichen, Rähmchenrichten usw. lassen sich zwanglos im Winter erledigen. Wer gerne mit Holz arbeitet, hat Freude daran.

Nach Vorbereitungen ist ein Imker-Urlaub kein Problem

Eine wichtige Frage lautet: Kann ich in den Urlaub fahren? – Das geht schon, aber man muss es vorbereiten. Wer in der Blütezeit 14 Tage lang wegfahren will, muss den Bienen vorsorglich Platz für die Entwicklung geben. Eine Alternative wäre, einen Freund zu bitten, in der Abwesenheit nach den Völkern zu sehen, und sei es nur kurz.

Die Ausstattung

Lagerraum für Waben, Kisten und Geräte

Auch wenn es anfangs nur wenige Bienenvölker sind: Bienenkästen, Schutzkleidung, Werkzeug, Bienenwaben, Honigschleuder benötigen einen Platz für die Lagerung. Es ist gut, sich im Vorfeld Gedanken darüber zu machen, wo alle Gerätschaften verstaut werden. So sollten Bienenwaben nicht in einer Garage stehen, weil sie Öl- und Benzingeruch annehmen. Gerätschaften für die Honiggewinnung brauchen einen bienendichten, sauberen Raum, der allen Grundsätzen der Lebensmittelhygiene gerecht wird.

Empfohlen: Arbeit mit Magazinbeute

Die Betriebsweise mit Magazinen hat sich als die einfachste und übersichtlichste durchgesetzt: Die Arbeit erfolgt von oben, man spricht von Oberbehandlung. Der Imker hat dadurch einen schnellen Überblick über die Situation im Volk. Die Bienen sitzen hier auf (meistens) zehn Rähmchen (Holzrahmen mit Bienenwaben), die wiederum in einer sogenannten Zarge eingehängt sind (eine Zarge ist ein stapelbares, liegendes Geviert). Der Imker kann bei diesem mobilen Wabenbau Rähmchen entnehmen, zuhängen und das Volk beliebig neu zusammenstellen. Am einfachsten lässt sich diese Betriebsweise mit einer Hängeregistratur im Büro vergleichen. Ein loser Diagnoseboden ist heute Standard, der die Kontrolle des Bienenvolkes ermöglicht, ohne das Volk öffnen zu müssen.

Die Magazinbeute bietet den Vorteil, dass man je nach Stärke und Entwicklung des Volkes eine Zarge mit Rähmchen aufsetzen kann – oder das Volk wird um eine Zarge reduziert. Beim sogenannten Hinterbehandler ist dies nur eingeschränkt möglich. Hier erfolgt die Arbeit des Imkers von hinten. Besonders dem Anfänger fällt die Arbeit mit diesem System schwer. Wem die Übernahme von Hinterbehandlungsbeuten von einem älteren Kollegen angetragen wird, sollte lieber dankend ablehnen.

Die Magazin-Imkerei bietet Vorteile: Die Zargen sind stapelbar, der Boden ist lose. Der Imker kann das Volk beliebig bearbeiten und hat einen guten Einblick.

Wichtig ist ein Gitterboden: Auf einer Lade unterhalb lässt sich der Schädlingsbefall im Bienenvolk ablesen – ohne das Volk zu stören.

Rund 3 Wochen fliegt diese Sammelbiene – dann ist ihr Leben zu Ende. Sie hat dann knapp 10 Gramm Nektar heimgetragen, aus dem 3 Gramm Honig gewonnen werden.

Von langen und kurzen „Ohren“

Als „Ohren" werden die beidseitigen oberen Stummel bezeichnet, mit denen die Rähmchen in den Zargen hängen. Es wird unterschieden zwischen Lang- und Kurzohren, die immer zur jeweiligen Bauart der Bienenbeuten passen müssen: Sind auf den Schmalseiten der Zargen die Griffleisten aufgedoppelt, ergibt sich eine breite Auflagefläche für die Rähmchen (bis zu 20 mm, lange Ohren). Ist die Schmalseite jedoch glatt und die Auflage für die Rähmchen innen herausgefräst, haben meist nur kurze Ohren (von etwa 10 mm Länge) Platz. Es ist notwendig, mit dem Lieferanten der Bienenvölker vorab abzustimmen, welches Format und welche Rähmchen er verwendet und ob diese mit dem eigenen System zusammenpassen. Wer ganz sicher gehen will, gibt dem Verkäufer der Bienenvölker probeweise ein eigenes Rähmchen. Dann kann nichts mehr schiefgehen. Nähere Erläuterungen rund um das Rähmchen finden sich auf Seite 16.

Blick von oben in eine Zarge mit Rähmchen. Hier stehen die Rähmchen längs zum Flugloch, der Imker spricht von Kaltbau. Das Bild zeigt einen Sechs-Waben-Ableger, rechts und links befinden sich jeweils zwei Mittelwände.

Kalt- oder Warmbau?

Die Frage bezieht sich auf die Stellung der Rähmchen zum Flugloch: Längs bedeutet Kaltbau, quer Warmbau. Was besser ist, wird seit Erfindung des beweglichen Rähmchens durch Freiherr August von Berlepsch 1853 leidenschaftlich diskutiert. Ein eindeutiges Ergebnis gibt es nicht: Dürfen Bienen ohne Rähmchen bauen, sieht das Ergebnis aus wie ein Gehirn – kreuz und quer, häufig diagonal.

Als Vorteil des Kaltbaus wird genannt: Bienen müssen in kalten Wintermonaten beim Verzehr ihres Winterfutters keine Rähmchen übersteigen. Das Futter ist damit etwas besser erreichbar.

Den Warmbau ziehen manche Imker wegen der Bequemlichkeit vor: Hier hat der Imker die Waben nach dem Herausziehen gleich quer vor sich.

Holz oder Kunststoff?

Magazinbeuten aus **Holz** sind seit vielen Jahrzehnten im Einsatz. Die Beschaffung ist relativ billig. Bei regelmäßiger Pflege halten sie viele Jahre. Das leichte Holz der Weymouthskiefer kommt als Baumaterial für Bienenwohnungen häufig zur Sprache. Die heimische Fichte erweist sich aber nicht als schlechter, Hauptsache, das Holz ist langsam gewachsen und bei der Verarbeitung trocken.

Magazinbeuten aus **Kunststoff** (Styropor, Hartschaum) sind seit Längerem in Gebrauch. Die Kästen sind sehr leicht, und als großer Vorteil wird die bessere Wärmehaltung im Vergleich zu den Holzbeuten betrachtet. Ihr Nachteil besteht darin, dass sich Schäden beim Einsatz des Stockmeißels schwer reparieren lassen. Die Desinfektion ist problematisch und der Einsatz der Lötlampe zur Desinfektion unmöglich. Immer wieder kommt es zu Schäden durch Spechte im Winter. Sie hacken die Bienenkästen auf und fressen die bewegungsunfähigen Winterbienen. Solche Völker sind verloren.

Nicht zuletzt sind ausgemusterte Styropor-Beuten Sondermüll, Holzbeuten ergeben Brennholz.

Lavendel lockt Bienen in großer Zahl an. Er spendet Nektar auch in trockenen Zeiten.

Bienenkästen streichen oder nicht?

Jede Sammelbiene hat sich ihren Stock eingeprägt und will dorthin zurück. Farbige Bienenkästen erleichtern ihr die Heimkehr. Bei der Farbauswahl ist zu beachten, dass das Sehvermögen der Biene ins Ultraviolette verschoben ist: Rot bringt nicht viel, weil die Biene diese Farbe (je nach Intensität) grau bis schwarz sieht. Eine Alternative zum Farbanstrich wären unterschiedliche Zeichen wie Kreis, Punkt, Dreieck, Stern, senkrechte oder waagerechte Striche im Wechsel.

Meine eigenen Bienenkästen streiche ich seit vielen Jahren in regelmäßigen Abständen mit Leinölfirnis; das ist eine natürliche und kostengünstige Imprägnierung. Leinölfirnis wird so lange aufgetragen, bis das Holz nichts mehr aufsaugt. Der Anstrich wird nur außen aufgetragen, keinesfalls innen.

Welche Rähmchengröße?

Diese Frage steht am Beginn jeder Bienenhaltung. Hier gilt die klare Empfehlung, unbedingt ein gängiges, weit verbreitetes Rähmchenmaß zu wählen, zum Beispiel Normalmaß (auch DN oder Einheitsmaß, mit den Außenmaßen 370 × 223 mm) oder Zander (420 × 220 mm).

Wer Normalmaß oder Zander wählt, hat in vieler Hinsicht Vorteile: Bienenbehausungen, die in hohen Stückzahlen gefertigt werden, sind billig. Sie sind überall und ohne Lieferzeiten verfügbar. Das gilt auch für die passenden Rähmchen und die Mittelwände, bis hin zur Dimension der Honigschleuder. Zander und Normalmaß hat der Imkerbedarfshandel immer auf Lager.

Beim Normalmaß ist – wegen des kleineren Formates – die Zarge etwas leichter. Der Imker muss daher nicht so schwer heben. Mit dem Zanderformat arbeitet es sich jedoch etwas entspannter: Gibt der Imker eine volle Zarge hinzu, reicht der Platz notfalls auch einmal für zwei Wochen bis zur nächsten Revision.

Zander und Normalmaß gibt es auch in Halb- und Dreiviertelgrößen. Teilweise arbeiten Imker in einem Bienenvolk mit verschiedenen Wabenmaßen. Anfänger sollten von diesen Arbeitsweisen zunächst die Finger lassen, denn hier können keine Bienenwaben zwischen den Brut- und Honigräumen eines Bienenvolkes bewegt werden. Dabei ist das gerade der große Vorteil vom Arbeiten mit Magazinen.

Begriffe rund um das Rähmchen

Ein Rähmchen hat eine Abmessung, die genau zu dem Beutentyp passt (Wabenmaß). In eine Normalmaß-Zarge passen also nur Rähmchen dieses Maßes. Zander ist zu lang, also nicht kompatibel. Damit ist klar, dass der „Bee Space" (siehe Seite 24) auch außen um das Rähmchen herum eingehalten wird: Seitlich, oben und unten werden die Bienen außerhalb der Rähmchen keine Waben bauen. Damit lassen sich die einzelnen Rähmchen immer einzeln herausnehmen.

Eine wichtige Funktion haben die Seitenteile der Rähmchen. Hier sitzen die **Abstandshalter.** Sie sorgen dafür, dass der Abstand der Rähmchen zueinander stimmt. Dieser ist auch wichtig, damit bei Wanderungen mit Bienenvölkern die Waben nicht zusammenrutschen und dabei das Volk Schaden nimmt. Versierte Imker, die mit ihren Bienenvölkern nicht wandern, verzichten mitunter auf Abstandshalter und vertrauen auf ihr Augenmaß.

Je nach Ausbauzustand verwendet man bei den Rähmchen spezielle Begriffe: Ein **Leer-Rähmchen** ist der blanke Holzrahmen mit Abstandshaltern. Ein **verdrahtetes Rähmchen** hat feine Drähte, in die Mittelwände eingelötet werden. Dies geschieht mit einem speziellen Einlöt-Trafo. Notfalls eignet sich dafür auch das Ladegerät für die Autobatterie. Ist die Rede davon, dass ein Imker Mittelwände gibt, so heißt das: Er hängt Rähmchen mit eingelöteten Mittelwänden ins Bienenvolk.

Die Rähmchengrößen Zander und Normalmaß im Vergleich: Das Normalmaß ist um 50 Millimeter kürzer. Damit sind volle Zargen etwas leichter als im Zandermaß. Der Zander hat einen Vorteil: Wegen des größeren Volumens kommt der Imker mit weniger Eingriffen aus.

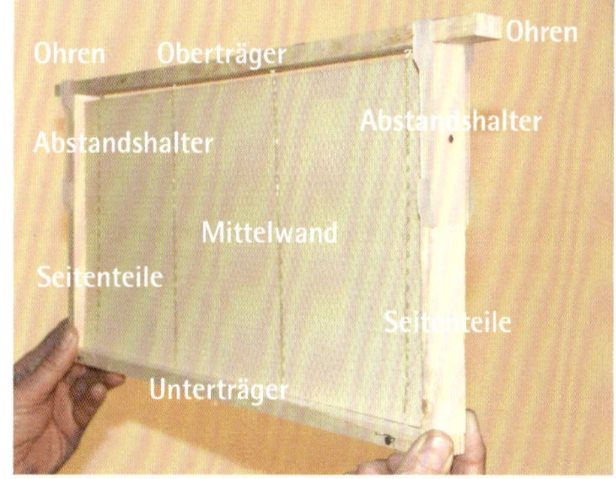

Ein Rähmchen besteht aus folgenden Teilen: Mit dem Oberträger wird es in die Beute eingehängt. Die beiderseitigen Überstände nennt man Ohren. Parallel dazu verläuft der Unterträger. Stehen mehrere Magazine eines Bienenvolkes übereinander, haben die übereinanderstehenden Rähmchen wiederum einen Abstand von einem Zentimeter. Das ist der Raum, der von den Bienen begangen, aber nicht verbaut wird.

Diese Utensilien braucht ein Imker für die Bienenbetreuung. Von links: Stockmeißel (in zwei Varianten), Abkehrbesen und Rauchgerät (Smoker), im Vordergrund Schutzhandschuhe.

Schließlich ist zwischen **hellen** und **dunklen ausgebauten Rähmchen** zu unterscheiden. Bei den hellen handelt es sich um Waben, die von den Bienen gerade ausgebaut worden sind; dunkel erscheinen Rähmchen, auf denen bereits Bienen ausgeschlüpft sind. Für das Brutgeschäft verwenden Bienen ihre Waben mehrfach. Mit jedem Schlupf wird die Wabe nicht nur dunkler, sondern auch enger, denn jede Bienenmade verpuppt sich in ihrer Zelle und hinterlässt dabei eine Hülle (Jungfernhäutchen).

Werkzeug und Ausrüstung

Stockmeißel

Dieses Hebeleisen hat zwei Enden mit unterschiedlichen Funktionen: Mit dem einen Ende werden die Waben in den Bienenstöcken gelockert. Mit dem anderen wird geschabt bzw. gekratzt. Beim Kauf eines Stockmeißels sollte der Imker nicht sparen. Bester, geschmiedeter Werkzeugstahl ist gerade gut genug, denn dieses Werkzeug muss über Jahrzehnte härtesten Einsatz aushalten. Für meine Arbeit am Bienenstand schätze ich einen Stockmeißel, der schmal und nicht zu lang ist. Ihn muss ich nicht weglegen, wenn ich eine Wabe herausziehe. Es ist praktisch, dass ich den Stockmeißel in der Hand behalten kann.

Bienen weichen dem Rauch aus, der instinktiv mit Waldbrand in Verbindung gebracht wird. In diesem Fall flüchten die Bienen in die untere Zarge.

Der Vollständigkeit halber sei noch die **Wabenzange** erwähnt. Die beiden Greifer der Zange umfassen den Oberträger einer Bienenwabe, damit kann man sie herausnehmen. Das mag für den Anfänger ein Gefühl von Sicherheit geben, weil die Bienen auf Abstand bleiben. Auf Dauer ist das Arbeiten mit der Wabenzange jedoch ausgesprochen unhandlich. Die meisten Imker, die etwas Praxis erworben haben, benutzen sie nicht mehr.

Smoker

Bienen flüchten instinktiv vor Rauch, den sie mit Waldbrand in Verbindung bringen. Mit leichten Rauchstößen aus dem Rauchgerät (Smoker) kann der Imker die Bienen auf Distanz halten. Es gibt unendlich viele Modelle zu unterschiedlichen Preisen. Edelstahl ist Luxus, hält aber unbegrenzt. Den Blasebalg gibt es als Ersatzteil zum Nachkaufen. Wichtig ist es, beim Kauf den Smoker in die Hand zu nehmen. Kleinere Smoker sind zwar handlicher, müssen aber öfter befüllt werden. Als praktisch erweist sich ein Drahtbügel, mit dem man den Smoker während der Arbeit am Beutenrand einhängt.

Abkehrbesen

Hier genügt ein einfaches Modell aus Holz mit feinen Naturborsten. Als vorteilhaft erweist sich eine hochgebogene Besenspitze, dann kommt man beim Abkehren besser in die Ecken der Waben. Einfache Abkehrbesen mit Plastikgriff und Kunstborsten sind zwar leicht zu reinigen, lassen ein feinfühliges Arbeiten aber kaum zu.

Besenlieferant Weihnachtsgans

Mitunter arbeiten Imker noch immer mit Abkehrbesen, die Weihnachts- oder Martinigänse liefern: Mit den Flügeln lassen sich Bienen sehr gefühlvoll von Waben und Ecken der Zargen abkehren.

Der gesamte Körper ist mit dem Imker-Overall geschützt, der einen Kopfschutz sowie Gummizüge an Handgelenken und Knöcheln besitzt.

Schutzkleidung

Sie empfiehlt sich für Anfänger immer am Bienenstand. Feines Leder für die Schutzhandschuhe erleichtert den Griff. Der Gummizug der Stulpen für den Abschluss am Unterarm muss gut schließen. Man sollte die Handschuhe im Imkergeschäft anziehen, damit sie auch wirklich passen.

Stichschutz für Gesicht und Körper gibt es in drei Stufen: Der Bienenschleier besteht aus einem breiten Hut mit umlaufendem Kopfschutz. Das untere Ende wird in den Kragen gesteckt bzw. schließt mit einem Gummizug ab. Das ist die billigste Lösung.

Die Imkerjacke hat vorne einen Reißverschluss, schützt den ganzen Oberkörper und schließt mit Gummizügen im Gürtelbereich und an den Handgelenken ab. Der Kopfschutz ist mit einem umlaufenden Reißverschluss versehen und abnehmbar.

Schutzkleidung sollte generell aus dichtem, hellem Baumwollgewebe bestehen (wegen der Stichfestigkeit) und gut waschbar sein. Ein Hinweis für Sparsame: Mit Einweck-Gummis lassen sich die Hosenbeine zum Schutz vor hinaufkrabbelnden Bienen verschließen.

Der Imker Overall schließlich schützt den gesamten Körper. Er schließt mit den Knöcheln ab. Besonders in der Sommerhitze ist er komfortabel, denn außer Unterwäsche braucht der Imker darunter nichts.

Wer Hunger hat ...

Als Hungerschwarm bezeichnen Imker ausgezogene Bienen, die nach drei Tagen noch keine rechte Bleibe gefunden haben. Sie sind verzweifelt – und daher stechlustig. Imker, die solche Schwärme einfangen wollen, müssen sich auf heftige Gegenwehr einstellen. Ohne Schutzkleidung gibt es nur eines: Schnell weglaufen.

Die Bienen

Die Frage, woher man Bienen bekommt, stellt sich für den neuen Imker schon im Winter.

Ableger

Der einfachste Weg besteht darin, bei Imkern der Umgebung oder beim örtlichen Imkerverein nachzufragen, wer im Frühjahr sogenannte Ableger verkauft. Das sind Bienenvölkchen mit vier bis sechs besetzten Waben, die eine junge Bienenkönigin vom letzten Jahr haben. Die Preise für solche Ableger liegen deutlich über 100 Euro. Nach den großen Bienenverlusten der letzten Jahre übersteigt die Nachfrage das Angebot bei weitem.

Die beschriebenen Ableger werden jeweils schon im Sommer des Vorjahres gebildet. Wer im Frühjahr verkauft, hat viel Arbeit investiert, die zu bezahlen ist: Er hat für die Begattung einer jungen Königin gesorgt, das Volk gegen Schädlinge behandelt und mit Winterfutter versorgt. Schließlich hat der Verkäufer das Risiko getragen, das Bienenvolk heil über den Winter zu bringen.

Das Jahresende oder der frühe Jahresbeginn sind die besten Zeiten, um den Kauf von Bienenvölkern fest zu vereinbaren. Dabei wird sowohl der Kaufpreis als auch der Abholtermin vereinbart. Normalerweise fällt dieser in die Zeit der Kirschblüte.

Vor dem Kauf ist auch die Art der Übernahme zu besprechen: Entweder bringt der Neuimker seine Bienenbeute zum Verkäufer, der die Waben des Ablegers einhängt. Die bienenbesetzten Waben kommen dabei in die Mitte, rechts und links davon wird mit Mittelwänden (Rähmchen mit Wachsplatten) aufgefüllt.

Am besten geschieht dies am Abend, weil mit Beginn der Dunkelheit die Flugbienen zurück sind. Das Flugloch wird verschlossen. Bevor der Imker mit seinen gekauften Bienen nach Hause fährt, sollte er noch dafür sorgen, dass die Bienen genügend Luft haben. Ideal ist es, die Schublade des Diagnosebodens herauszuziehen, doch kann auch das Flugloch mit einem Fliegengitter verschlossen werden. Für den Transport im Auto stellt man die Bienenbeute so, dass die Waben längs zur Fahrtrichtung stehen. So schlagen die bienenbesetzten Waben beim Anfahren und Bremsen nicht aneinander.

Noch in der Nacht wird das Bienenvolk auf den Platz gestellt, auf dem es am nächsten Tag fliegen soll. Das Öffnen des Flugloches darf man danach nicht vergessen! Dabei ist Schutzkleidung empfohlen, denn die Bienen sind durch die Erschütterungen des Transportes nicht besonders gut gelaunt. Eine Alternative wäre, eine Stunde mit dem Öffnen des Flugloches zu warten. Denn dann hat sich die Lage wieder beruhigt.

Die zweite Möglichkeit, Ableger vom Bienenzüchter zu übernehmen, besteht darin, dass der Imker den Ablegerkasten beim Verkäufer abholt und die Bienenwaben selbst umhebt: Bienenbesetzte Waben kommen in die Mitte, man füllt mit Mittelwänden auf und fährt fort wie oben beschrieben.

Ein Ableger entwickelt sich in aller Regel mit der Frühjahresblüte explosionsartig. Spätestens nach zwei Wochen muss er eine zweite Zarge aufgesetzt bekommen. Der Neuimker kann damit rechnen, dass dieses Bienenvolk seinen Kaufpreis in Form von Honig leicht hereinholt.

Alternativ dazu kann man sich im Sommer einen Ableger von einem Imker besorgen. Dieser ist billiger, denn der Imker muss selber Sorge tragen für die Varroa-Bekämpfung und die Winterfütterung. Ihm obliegt es, das Bienenvolk über den Winter zu bringen.

Carnica-Biene auf einer Herbstaster: Die Bienenrasse hat einen dicht behaarten Brustpanzer und deutliche Filzbinden am Hinterleib.

Schwarm

Der Bienenschwarm eröffnet eine einfache Methode, mit der Bienenhaltung zu beginnen.

Etwa ab Mitte Mai beginnen sich Bienenvölker zu teilen. Dabei verlässt ein großer Teil des Volkes mit der alten Königin den Stock. Tausende von Bienen sammeln sich um die Königin herum zu einer Schwarmtraube. Nach dem Einfangen (wie das geht, wird auf Seite 40 erklärt) kommt ein Schwarm am besten über Nacht in den Keller und am nächsten Tag in eine Bienenbeute, die nur mit Mittelwänden versehen ist. Ein Bienenschwarm entwickelt enormen Fleiß beim Bau von neuen Waben.

In diesem Fall startet der Imker mit gesunden, neuen Waben. Dieses Schwarmvolk entwickelt sich schneller, wenn es nach einer Woche etwas Futter bekommt (Zuckerwasser oder Honig). Mit etwas Glück kann der Imker auch hier mit Honig rechnen, viel ist es meistens nicht.

Ein Nachteil muss erwähnt werden: Schwarmvölker haben eine alte Königin (sie ist zwei Jahre alt oder älter). Das Alter beinflusst die Legetätigkeit: Sorgt die Königin für weniger Nachwuchs, wächst das ganze Volk langsamer. Der Schwarm ist daher etwas Glückssache. Dafür ist er billig. Häufig werden Schwärme sogar verschenkt, wenn sie der Imker selbst vom Baum holt.

Wie viele Stiche verträgt ein Imker?

Diesem Selbstversuch unterziehen sich Imker nicht freiwillig. Aus eigenem Erleben kann ich sagen, dass zwischen 25 und 30 Bienenstiche zu leichtem Fieber führten, das sich dank feuchter Wadenwickel und mehrerer Liter Mineralwasser wieder verflüchtigte. Was blieb, waren ein dick geschwollener Unterschenkel und heftige Unwucht beim Gehen über mehrere Tage.

Für Imkerei-Neulinge eignet sich ein Bienenschwarm sehr gut, da er schnell Waben ausbaut. Schwärme sind in aller Regel gesund, die Bienen nehmen nur Nahrung für drei Tage mit auf die Reise.

Carnica oder Buckfast?

Zwischen diesen beiden in Europa beheimateten Bienenrassen bestehen einige Unterschiede:

Die **Kärntner Biene (Carnica)** stammt aus den Südalpen, sie gilt als friedlich und fleißig. Sie überwintert mit hoher Kopfzahl und macht normalerweise eine Brutpause. Die behaarten Bienen sind erkennbar am graubraunen Filzkleid. Von der Form her wirken Carnica-Bienen etwas pummelig.

Die **Buckfast-Biene** ist eine Züchtung aus der Dunklen Europäischen Biene und der Italiener-Biene, später kamen noch weitere südeuropäische Bienenrassen hinzu. Benannt ist sie nach dem Kloster Buckfast in Devon (England). Nach einem massenhaften Bienensterben auf den Britischen Inseln 1913 wurde sie dort erstmals gezüchtet. Erkennbar ist sie an den orangebraunen Segmenten

Carnica- und Buckfast-Bienen im Vergleich: Carnica-Bienen (oben) tragen ein dichtes graubraunes Haarkleid und wirken etwas pummelig. Auffällig an der Buckfast-Biene (unten) sind gelbe Segmente am Hinterleib.

am länglichen Hinterleib. Die winterliche Brutpause der Buckfast-Biene ist kürzer. Berufsimker schätzen diese Bienenrasse, weil sie weniger schwärmt.

Eine leidenschaftslose Diskussion zu den Bienenrassen ist ratsam: An einem Bienenstand kommen immer wieder Mischformen von beiden Rassen vor, nennenswerte Leistungsunterschiede konnte ich bislang nicht erkennen. Für neue Imker ausschlaggebend sind sanftmütige und fleißige Bienen, die ein regelmäßiges Brutnest ausbilden.

Bee Space

Im Jahr 1851 hatte der amerikanische Imker Lorenzo L. Langstroth herausgefunden, dass im Bienenstock immer ein Abstand von Wabenmitte zu Wabenmitte von 35 Millimetern herrscht, fortan sprach man von Bee Space. Dazwischen halten die Bienen eine Wabengasse (von etwa einem Zentimeter) frei, in der sich zwei Bienen gerade noch begegnen können. Ist der Abstand größer, bauen die Bienen „wild" hinein. Ist der Abstand kleiner, kleistern sie ihn mit Propolis (Kittharz) zu.

Mit dieser Erkenntnis war der Weg frei für den mobilen Wabenbau. Dabei können bienenbesetzte Rähmchen eines Volkes beliebig herausgenommen und neu zusammengestellt werden. Das wächserne Innenleben eines Bienenstockes bleibt heil, selbst bei der Honigernte. Senkrechte Wachsplatten (Mittelwände mit der Bodenprägung von Waben) in den Rähmchen nehmen die Bienen gerne an. Sie bauen daran zu beiden Seiten ihre Waben aus.

Mit dem mobilen Wabenbau ist es möglich, jede Wabe herauszunehmen, anzusehen und wieder zurückzustellen. Einzelne Waben können für andere Bienenvölker oder Ableger verwendet werden. Für die Honigernte werden Honigwaben herausgenommen, geschleudert und dem Bienenvolk zurückgegeben. Mit Freuden nehmen die Bienen die honigverklebten Waben an – und füllen sie wieder.

Bienen nutzen beim Wabenbau jede Lücke. Stehen die Rähmchen eine Spur zu weit auseinander, wird umgehend „wild" eine weitere Wabe (Mitte) dazwischengesetzt.

Der Vollständigkeit halber sei erwähnt, dass ein Teil der Imker auf Mittelwände verzichtet und nur Rähmchen in die Bienenbeuten einhängt. Hier bauen die Bienen ihr Stock-Innenleben aus, sie tun dies aber häufig nicht vollständig und unordentlich. Demeter-Imker sind beispielsweise dennoch vom Sinn dieser Arbeitsweise überzeugt, weil dieser „Naturbau" dem Wesen der Bienen am nächstem komme und das erzeugte Wachs besonders schadstoffarm sei.

Die Natur beginnt zu blühen: Schlehen bieten den Bienen massenhaft Nektar und Pollen.

Obst braucht Bienen zur Bestäubung, im Vordergrund blühen Birnen.

Brutwaben werden nach einer strengen Ordnung angelegt. Von links: verdeckelte Brut, anschließend offene Brut unterschiedlichen Alters und abnehmender Größe, rechts: bestiftete Zellen, in die die Königin in den letzten drei Tagen Eier gelegt hat.

Begriffe rund um die Bienenwabe

Nicht von ungefähr hat die Fahrerkabine von Formel-1-Rennwagen eine sechseckige Knautschzone. Außer höchster Festigkeit bietet die Wabe noch andere Vorteile: Sie ermöglicht größten Stauraum auf kleinster Fläche. Und sie lässt sich leicht reinigen, weil sie keine spitzen Winkel hat. Honig in einer Wabe aus Wachs ist luftdicht verwahrt, sobald sie mit einem Deckel überzogen ist. Dieser Deckel wirkt dunkel und ist flach.

Im Gegensatz dazu ist bei der **Brutwabe** einer Biene der Deckel leicht gewölbt und lässt Luft durch. In diesen Zellen verwandeln sich gerade Bienenmaden über das Puppenstadium in fertige Insekten. Bei den größeren Drohnenwaben sind die Deckel deutlich höher gewölbt. Drohnenzellen kommen nur in der Zeit von Mai bis Juli vor.

Pollenwaben fallen mit ihren kräftigen Farben von Grellgelb bis Lila und Schwarz auf. Daran lässt sich ablesen, auf welchen Pflanzen die Sammelbienen unterwegs waren.

Als **Weiselzellen** bezeichnet der Imker die Waben, in denen Königinnen herangezogen werden. Sie treten zunächst als kleine Knubbel auf (Spielzellen). Ist der Schwarmtrieb dann endgültig erwacht, fallen Königinnenzellen auf durch ihre Form: Sie ragen wie etwa 3 Zentimeter lange Zapfen meist am Rande und unten aus dem Brutnest heraus.

Auf einer Wabe befinden sich verschiedene Stadien von Honig und Pollen. Von links: offene und verdeckelte Brut, in der Mitte Pollenwaben, rechts reifer, verdeckelter Honig.

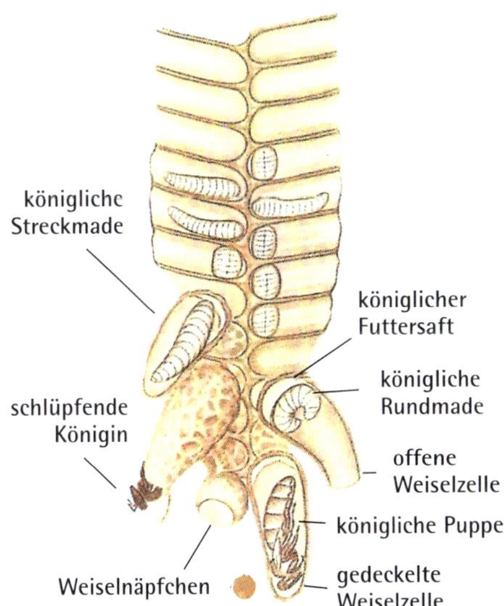

Königinnenzellen sitzen meistens am unteren Ende einer Wabe. Hier sind die verschiedenen Entwicklungsstadien einer Königinnenzelle zu erkennen. Quelle: ÖIB

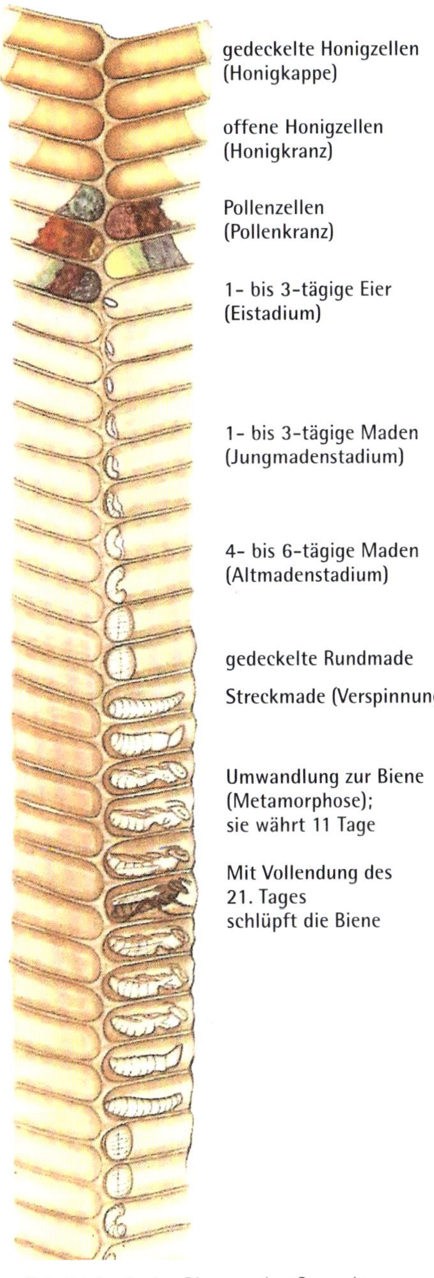

Schnitt durch eine Bienenwabe: Ganz oben Honig, darunter Pollenwaben, darunter bestiftete Zellen, Maden in wachsender Größe, verdeckelte Zellen bis zum Schlüpfen der fertigen Biene. Hier ist die Mitte des Brutnestes. Quelle: ÖIB

Das Bienenvolk

Was geschieht überhaupt in einem Bienenvolk? Wie sieht die innere Ordnung aus? Um dies zu verstehen, helfen Vergleiche und die räumliche Vorstellung: Ein Bienenvolk ist ein rundes, mehr oder weniger kopfgroßes Gebilde mit beheizter Mitte, das sich über mehrere Rähmchen erstreckt. Nimmt der Imker bei der Durchsicht ein Rähmchen heraus, so hat er sozusagen eine Scheibe dieses Bienenvolkes vor sich.

Dunkel und warm ...

... ist es im Bienenstock – und in den Hosenbeinen des Imkers. Er merkt das Krabbeln in der Kniekehle oder weiter oben und kann dennoch wenig tun außer stillhalten. Jede Bewegung könnte in der Hosenröhre als Bedrohung empfunden werden. Auch Imkern tut jeder Stich weh, sie jammern nur nicht. Im Laufe der Zeit stellt sich eine gewisse Immunität ein. Dann schwillt es an der Stichstelle nicht mehr an. Was bleibt, ist nur ein rotes Pünktchen.

Tipp: Den Stachel nach dem Stich niemals mit zwei Fingern herausziehen. Dabei wird nämlich der Giftbeutel am Ende des Stachels noch restlos in die Haut entleert. Stattdessen schabt man den Bienenstachel mit dem Fingernagel heraus.

Der Aufbau eines Bienenvolkes

Im Zentrum des runden Gebildes befindet sich das Brutnest. Auch dies ist wiederum rund. Hier herrschen stets konstante 35 Grad Celsius. Die Bienen schirmen diese „Kinderstube" mit ihren Körpern ab und wärmen somit das Brutnest. Die Größe des Brutnestes hängt ab von der Außentemperatur, dem Nahrungsangebot, dem Alter der Königin, besonders aber von der Stärke des Volkes: Ist wenig Personal da, kann nur ein kleines Brutnest erwärmt werden. Mit den ersten Frösten stellen die Bienen das Brutgeschäft ein. Sie rücken eng zu einer Wintertraube zusammen. Im Kern ist es auch dort etwa 22 Grad Celsius warm. Dort sitzt immer die Königin, das wertvollste Tier im Stock. Sobald die Außentemperaturen wieder über 10 Grad Celsius steigen, nehmen die Bienen ihr Brutgeschäft erneut auf. Das kann schon Anfang Februar sein. In milden Wintern brüten Bienenvölker sogar durchgehend.

Über dem Brutnest lagern die Bienen ihre Vorräte bis hinauf an den oberen Rand der Bienenbeute. Die Imker sprechen dabei von einer Futterkappe. Auch hier hilft der räumliche Vergleich: Wie eine Mütze lagern die Bienen Honig (Kohlenhydrate) und Pollen (Eiweiß) oberhalb und seitlich. Mit Pollen gefüllte Waben befinden sich grundsätzlich im Anschluss an das Brutnest, Waben mit Honig weiter außen bis zur Innenwand der Beute. Mit diesem Wissen hat man eine gute Orientierung bei der Durchsicht eines Bienenvolkes.

Praktischer Wabenhalter

Dieses Metallgestell wird an den Rand der obersten Zarge gehängt. Entnommene, bienenbesetzte Waben können zwischen zwei Tragarmen außerhalb des Bienenvolkes eingehängt und somit schonend geparkt werden.

Für den Neubeginn im Frühjahr brauchen Bienenvölker dringend Pollen. Weidenkätzchen liefern Massen davon. Sie werden deshalb intensiv besucht.

Bodenkontakt vermeiden
Schon aus Gründen der Hygiene sollten bienenbesetzte Zargen niemals auf den Erdboden gestellt werden. Als einfache Lösung bietet es sich an, eine Leerzarge auf den Boden zu stellen und die bienenbesetzte Zarge verkantet daraufzusetzen. Die Bienen ziehen sich dann von unten in die Zarge zurück, um ihre Brut zu wärmen, und krabbeln nicht auf dem Boden herum.

Durchsicht eines Bienenvolkes

Beispielhaft lässt sich der Aufbau eines Bienenvolkes erklären. (Gehen wir von zehn Rähmchen aus, bezeichnet von links beginnend mit 1–10, siehe unteres Bild):

Wabe 1 links ist eine Honigwabe (Deckwabe). Hier reicht die Futterkappe bis ganz nach unten. Wabe 2 enthält normalerweise auch noch Honig, kann aber schon Pollen beinhalten. Wabe 3 hat schon mehr Pollen und kann bereits Eier oder Maden von Bienen haben, oberhalb davon kommt ein Kranz von Pollenwaben, darüber Honig. Wabe

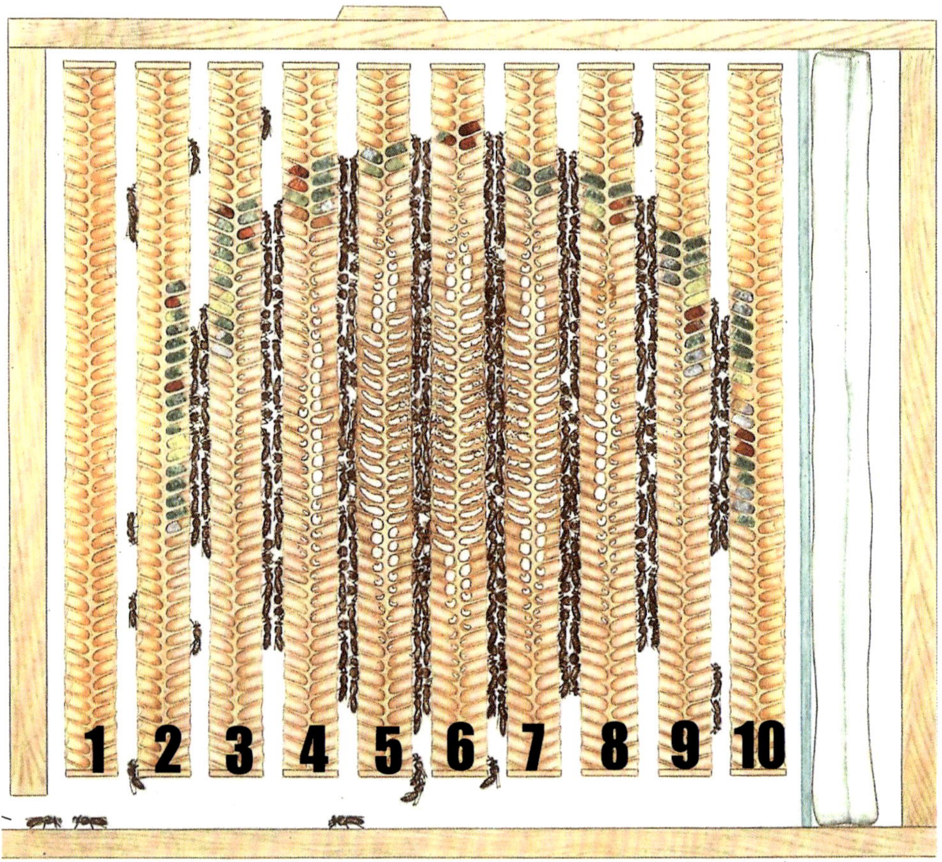

Schnitt durch ein Bienenvolk (Warmbau, Waben stehen quer zum Flugloch): Eine Futterkappe sitzt vor allem über dem Brutnest. Die Vorräte lagern die Bienen zudem seitlich um das Brutnest herum. Quelle: ÖIB

4 weist ein kreisrundes Bild von Bienenbrut auf, darunter folgen viele verdeckelte Brutzellen. Wabe 5 zeigt dasselbe Bild wie die vorherige Wabe, das Brutnest hat hier seine größte Ausdehnung und nimmt die ganze Fläche der Wabe ein.

Mit den Waben 1–5 hat der Imker die linke Hälfte des Brutnestes durchgesehen. Er kann davon ausgehen, dass die rechte Hälfte des Brutnestes (Waben 6–10) genauso aussieht, nur eben spiegelbildlich. Mit Wabe 10 wird rechts wieder die Deckwabe erreicht, die ausschließlich Honig enthält.

So sieht die Beschreibung eines Mustervolkes aus. In der Realität ist jedes Bienenvolk ein wenig anders, größer oder kleiner, manches sitzt nicht ganz in der Mitte. Ein Volk hat ganz viel Brut und wenig Futter, ein anderes ganz viel Futter und kaum Platz für Brut.

Immer aber gilt: Mehr oder weniger in der Mitte sitzen die Bienen, sie haben ihren Vorrat außen und oben um sich herum.

Und so sieht das Ganze in der Praxis aus:

Mit dem Stockmeißel lässt sich das Innenleben eines Bienenstockes wie eine Hängeregistratur bearbeiten: Zuerst nimmt man eine Wabe am Rand heraus. Damit ist Platz gewonnen. Das Rähmchen wird erst mit dem Stockmeißel gelockert, dann mit einer Hand ergriffen.

Als Nächstes wird das Rähmchen auf der anderen Seite gelockert.

Man zieht es mit dem Stockmeißel heraus und setzt es auf einer Ecke auf.

Schließlich übernimmt man es mit der anderen Hand.

Alte Arbeitsbienen wirken dunkel (Bildmitte). Am Ende ihres Lebens haben sie ihr Haarkleid verloren und die Flügel sind abgenutzt (links). Die Biene rechts davon hat ihr Leben als Sammelbiene noch vor sich.

Arbeit je nach Alter

Ein Bienenvolk besteht im März aus rund 10.000 Arbeitsbienen und einer Königin. Ab April kommen noch einige hundert Drohnen dazu. Sie bleiben bis Ende Juli, dann werden die Männer nicht mehr gebraucht. Ein Imker muss wissen, dass es vom Alter einer Arbeitsbiene abhängt, welche Aufgaben sie im Stock übernimmt. Die im Folgenden genannten Angaben zum Bienenleben können um einige Tage variieren, und die Arbeiten greifen ineinander über.

Zunächst nagt die Arbeitsbiene den Deckel ihrer Zelle auf und schlüpft. Zu erkennen sind diese Jungbienen am weiß-gelblichen Haarkleid („Müllerin"). Als erste Aufgabe reinigt die Biene die Zelle, aus der sie geschlüpft ist. Damit ist die Zelle bereit zur erneuten Belegung: Die Königin kommt vorbei und legt erneut ein weißes Ei in der Form eines winzigen Stiftes hinein.

Am dritten bis fünften Lebenstag knetet die Arbeitsbiene einen Teig aus Pollen und Honig (Bienenbrot) und füttert damit alte Larven. Danach sind die Futtersaft-Drüsen ausgebildet und die Biene kann Futtersaft (Gelée royale) produzieren. Damit füttert sie die jüngsten Larven. Nach etwa zwei Wochen kann die Arbeitsbiene Wachs bilden. Dies wird in Form kleiner Blättchen auf der Bauchseite ausgeschieden. In dieser Zeit hängen die Bienen in Form einer Kette aneinander. Artgenossen nehmen ihnen das Wachs ab und verarbeiten es unmittelbar zu Waben weiter. Je nach Arbeitsanfall übernimmt der Innendienst auch die Abnahme von Nektar und Pollen, schafft Abfall oder tote Artgenossen aus dem Stock.

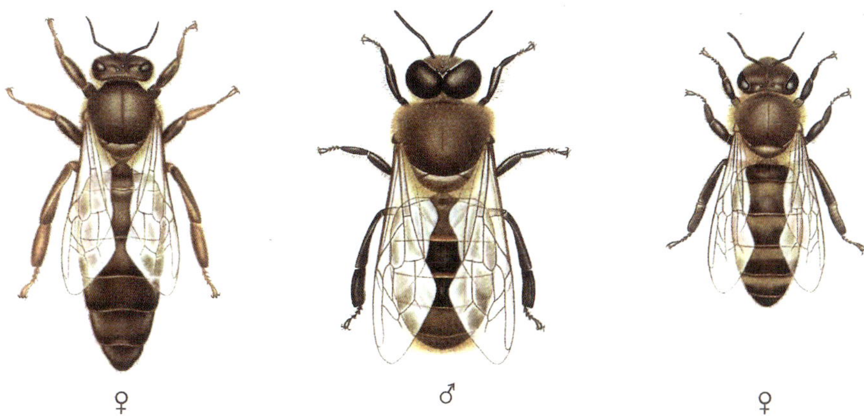

Die drei Erscheinungsformen der Bienen: Die Königin (links) fällt auf durch ihren spitz auslaufenden Hinterleib. Sobald die Königin Eier legt, ist sie nicht mehr flugfähig. Drohnen (Mitte) gibt es nur von April bis Juli. Sie wirken pummelig und können sehr gut sehen und fliegen. Rechts eine Arbeiterin. Junge Arbeiterinnen wirken hell, ältere dunkel, da sie am Ende ihres Arbeitslebens ihr Haarkleid verlieren. Quelle: ÖIB

Ab dem 16. Lebenstag kann die Biene richtig stechen, denn ihre Stachelkammerdrüse ist voll: Sie bewacht das Flugloch und prägt sich den eigenen Bienenstock ein. Dies geschieht in mehreren Etappen und mit immer weiteren Flügen. Nach 21 Tagen ist der Innendienst einer Arbeitsbiene zu Ende. Nun sammelt sie bis an ihr Lebensende Nektar und Pollen. Auf einem dieser Sammelflüge stirbt sie (nach vier bis sechs Wochen). Sie hat sich bis dahin förmlich zu Tode geschuftet. Am Ende ihres Lebens hat die Biene einen Großteil ihres Haarkleides verloren. Sie sieht dunkel aus.

Sonderfall Königin

Die Königin (Weisel) legt bis zu 2.000 Eier am Tag. Sie wird ständig von einem Hofstaat umsorgt, geleitet und mit dem Turbo-Futter Gelée royale gefüttert. Von ihrer Legetätigkeit hängt die Stärke eines Bienenvolkes ab, seine Angriffslust oder Sanftmut. Sie vererbt Eigenschaften wie Bau- und Putztrieb oder Sammelfleiß. Durchgehend bekommt die Königin in ihrem Larvenstadium Gelée royale und schlüpft am 17. Tag. Im Vergleich dazu schlüpft die Arbeitsbiene am 21. Tag, der Drohn am 24. Tag.

Ständig umsorgt und mit Gelée royale gefüttert wird die Königin. Sie legt schätzungsweise 2.000 Eier am Tag.

Mit dem Weiselfänger kann man die Königin zum Zeichnen schonend von der Wabe nehmen.

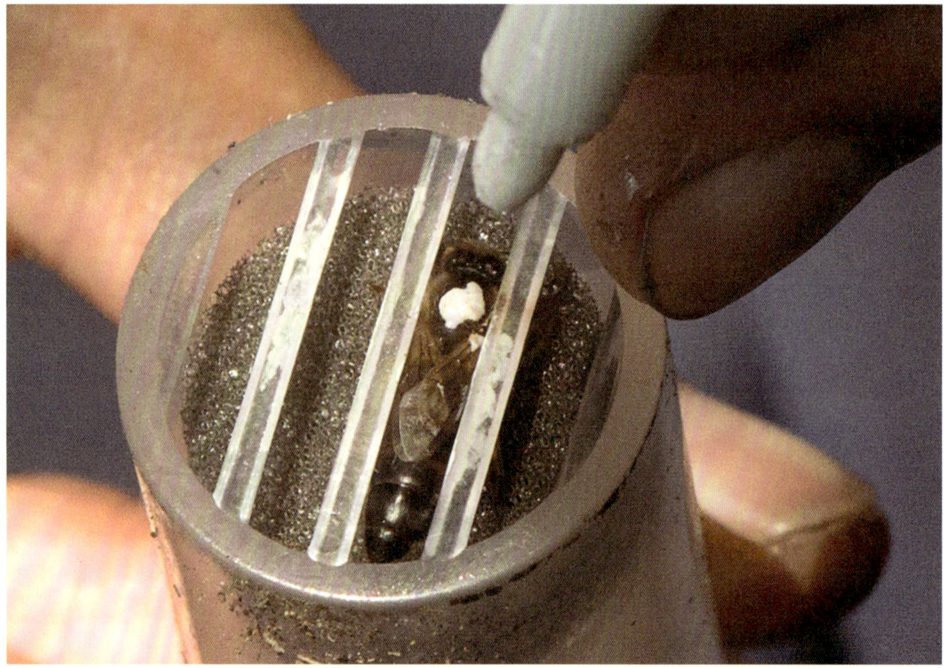

In einem Zeichenröhrchen wird sie hinter einem Gitter fixiert und erhält die weltweit gültige Jahresfarbe.

Auffallend groß sind die Augen der Drohnen, die zudem sehr gut fliegen können.

Drohne – nur für die Fortpflanzung zu gebrauchen

Einige hundert Drohnen birgt ein Bienenvolk von April bis Ende Juli. Sie sind ausschließlich für die Begattung von Königinnen zuständig. Sie lassen sich füttern und vagabundieren zwischen den Bienenstöcken einer Region umher. Drohnen sind deutlich größer als Arbeitsbienen, fliegen sehr gut und haben größere Augen. Dank der Pheromone (Botenstoffe) finden sie Königinnen an Sammelplätzen. Die Begattung der Königinnen geschieht während des Fluges. Danach haucht der Drohn (umgangssprachlich die Drohne) im schönsten Moment seines Lebens ebendieses aus. Drohnen leben etwa 60 Tage lang, höchstens aber bis Mitte August. Dann werden Drohnen nicht mehr in den Stock gelassen. Sie verhungern oder werden erstochen.

Ab Ende Juli werden Drohnen nicht mehr gebraucht. Die Arbeiterinnen vertreiben sie – mit tödlichem Ausgang.

Das Bienenvolk wächst und wird erweitert

Der zur Obstblüte übernommene Ableger wird alsbald sehr schnell wachsen: Die rechts und links hinzugefügten Mittelwände sind bereits nach einer, spätestens in der zweiten Woche ausgebaut. Die Bienen haben damit Platz geschaffen für weiteren Nachwuchs und für massenweise gesammelten Nektar und Pollen. Das Volk braucht neuen Raum.

Wie bereits erwähnt, lagern die Bienen Vorräte immer über ihrem Brutnest. Daher wird nun eine weitere Zarge mit Mittelwänden auf die vorhandene aufgesetzt. Die Bienen werden den oberen Raum leichter annehmen, wenn zwei bis drei Brutwaben (mit Bienen besetzt und Larven in den Zellen) in den neuen Raum nach oben in die Mitte gehängt werden. Im Raum unten schiebt man das Brutnest zusammen und platziert Mittelwände an den Rand des Brutnestes. Räumlich betrachtet bedeutet dies: Hatte das Brutnest bisher auf einer Etage die Form einer Kugel, hat es auf zwei Etagen jetzt die Form eines aufgestellten Eis. Die Bienen werden jetzt emsig dafür sorgen, wieder eine Kugel zu formen und alle Vorräte nach oben in die zweite Etage zu bringen.

Wer es in dieser Jahreszeit versäumt, für Platz zu sorgen, bekommt sehr schnell Schwarmstimmung in den Bienenvölkern: Die Königin stellt die Eiablage ein. Im Volk tauchen plötzlich Königinnenzellen (Weiselzellen) auf.

Tipp: Die Kippkontrolle stellt eine Methode dar, um Schwarmstimmung im Bienenvolk vorab festzustellen. Dazu werden die Zargen des Brutnestes hochkant aufgestellt. Dadurch wird der Blick von unten in die Wabengassen möglich. Weiselzellen ragen meistens am Rand und unten aus dem Brutnest heraus.

Propolis-Gewinnung

Propolis mit seiner antibiotischen Wirkung ist überall im Bienenstock präsent. Um das Kittharz zu gewinnen, wird ein flexibles Netz auf die Waben der obersten Zarge gelegt. Die Bienen stört die Gitterstruktur des Netzes, und sie kitten die Zwischenräume zu. Der Imker entnimmt das Netz, rollt es zusammen und gibt es in die Gefriertruhe. Für die Gewinnung von Propolis-Granulat wird die Rolle kalt entnommen und auf einem sauberen Tuch abgerebelt. Für die Gewinnung von Propolis-Tinktur gilt: Zu einem Liter medizinischem Alkohol (Weingeist, 96 Prozent) kommen 300 Gramm fein gemahlenes Propolis. In einem geschlossenen Gefäß reift die Mischung ungefähr zwei Monate lang, möglichst täglich wird geschüttelt. Das Glas sollte warm, aber nicht hell stehen. Danach sollte die Tinktur etwa 20 Prozent Propolis-Gehalt haben. Vor allem im Frühjahr und im Herbst sammeln und produzieren Bienen vermehrt Propolis.

Das Propolis-Gitter muss man während der Varroa-Behandlung unbedingt entfernen!

Mit einem speziellen Kunststoffgitter auf der obersten Zarge lässt sich Propolis gewinnen, entweder für Propolistropfen oder Cremes.

Weiselzellen fallen auf einer Wabe auf: Wie kleine Zapfen ragen sie heraus. In diesem Fall sind die Zellen noch offen. 17 Tage braucht eine Königin vom Ei bis zum Schlüpfen. Dann hat es die Erste eilig, alle anderen Königinnen im Stock zu töten.

Reißnägel in Jahresfarben

Es ist hilfreich, Rähmchen zu markieren, auf denen sich Weiselzellen befinden. Beim nächsten Eingriff erspart dies unnötiges Suchen und damit Unruhe im Bienenvolk. Bewährt hat es sich, in den Oberträger einen farbigen Reißnagel zu drücken. Die Reißnägel gibt es farbig sortiert in Weiß, Grün, Blau, Rot und Gelb. Ein Reißnagel in der Jahresfarbe der Königin außen an der Brutzarge ist ebenfalls eine hilfreiche Markierung.

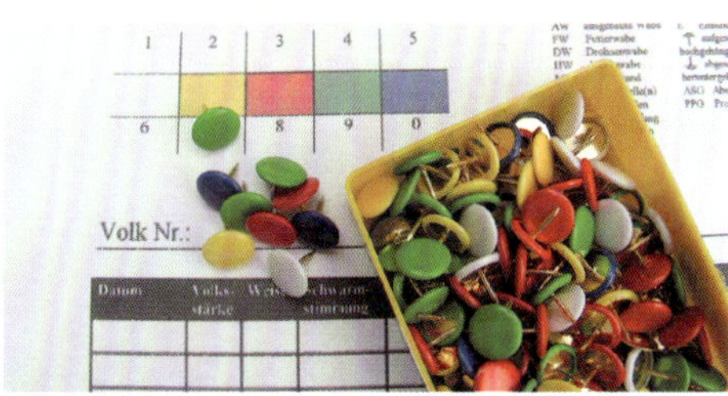

Farblich sortierte Reißnägel sind ein gutes Hilfsmittel: Außen an der Zarge angebracht, zeigen sie an, wie alt die Königin im Bienenstock ist.

Der 17. Tag: Diese Königin ist soeben geschlüpft. Mit ihren Beißwerkzeugen hat sie ein Loch an der Spitze der Weiselzelle genagt.

Diese Wabe zeigt eine Scheibe aus einem Brutnest: In der Mitte erkennt man flachrund verdeckelte Zellen, aus denen bald Bienen schlüpfen. Rechts und links oben befindet sich offener und verdeckelter Honig.

Wie ein Schwarm entsteht

Solange im Bienenstock leere Zellen zu finden sind, wird die Königin in diese Eier legen (bestiften). Sie geht dabei kreisförmig vor, bevor sie auf die benachbarte Wabe wechselt. Die Königin läuft dabei viel herum und hinterlässt ihren Geruch (Fußabdruck-Pheromon).

Werden durch den Imker nun keine neuen Waben angeboten, gerät das Volk in Schwarmstimmung:

In einem Teil des Stockes sitzt die Königin dann wegen Platzmangels untätig herum. In weiten Teilen des Bienenvolkes fehlt das Königinnen-Pheromon. Das Gefühl der Zusammengehörigkeit ist weg, es schlägt die Stunde der Separatisten: Bis zu einem Dutzend ausgewählter Larven werden durchgehend bis zum Verdeckeln mit Gelée royale (anstatt mit Bienenbrot) gefüttert. In diesen Zellen reifen jetzt neue Bienenköniginnen heran. Nur dieses hochwertige Futter sorgt dafür, dass aus diesen Larven Königinnen werden und keine Arbeitsbienen.

Am 17. Tag werden die neuen Königinnen schlüpfen. Schon bevor sie sich aus ihrer Zelle herausfressen, machen sie durch einen hohen Piepston auf sich aufmerksam: Bienen der Umgebung versorgen sie sofort und schirmen sie ab.

Auch die alte Königin hört diese Laute und bereitet sich für den Auszug vor. Sogenannte Schwirrläufer rennen eifrig im Stock umher und werben für den Auszug. Am Ende verlässt rund die Hälfte der Bienen den Stock, zusammen mit der alten Königin. Sie wurde vorher auf Diät gesetzt. Deshalb kann sie jetzt wieder fliegen, wenn auch nicht weit. – Meistens lässt sich die Königin im Umkreis von 50–100 Metern wieder nieder. In Form einer Traube sammeln sich die Bienen um sie, geleitet durch das Königinnen-Pheromon. Mit diesem Vorgang ist bei den Schwarmbienen jede Erinnerung an den alten Stock gelöscht. Sie sind nur auf ihre Königin fixiert. Ausgezogen sind Bienen jeden Alters, also Pflege- bis Sammeldienstler. Damit hat der Schwarm alle Chancen auf einen schnellen Neubeginn, sobald er eine neue Bleibe gefunden hat. Die begattete Königin legt dann umgehend neue Eier.

Im Bienenstock dagegen beginnt jetzt ein Wettlauf um Leben und Tod: Die zuerst geschlüpfte Königin findet durch die Piepstöne die noch nicht geschlüpften Bienenköniginnen schnell: Sie beißt die Zellen ihrer Nebenbuhlerinnen seitlich auf – und ersticht sie. Mitunter schlüpfen mehrere neue Königinnnen in einem Stock gleichzeitig. In diesem Fall verlassen weitere, sehr viel kleinere Schwärme den Bienenstock. Der Imker spricht von Nachschwärmen mit unbegatteten Königinnen.

Hochzeitsflug und Neubeginn

Im Bienenvolk, aus dem der Schwarm ausgezogen ist, erkennt der Imker schnell, dass deutlich weniger Bienen im Stock sind. Eier und junge Brut gibt es nicht. Das Volk hat zwar eine neue Stockmutter, sprich eine neue Königin. Sie muss aber erst Drohnenkontakt haben, um Arbeitsbienen produzieren zu können.

Ungefähr eine Woche lang dauert es, bis die junge Königin voll entwickelt und flugfähig ist. Dann geht sie tagelang auf Hochzeitsflüge. Auf Drohnensammelplätzen kommt es mehrmals täglich zur Paarung mit Drohnen, die den wichtigsten Moment ihres Lebens mit demselben bezahlen: Im Fliegen klammert sich der Drohn hinten an der Königin fest und dringt mit seinem Geschlechtsteil in sie ein. Das samengefüllte Organ hat eine Sollbruchstelle – es bricht ab. Der Drohn stürzt ab und stirbt. Sein Geschlechtsorgan arbeitet aber eine Weile weiter, bis es der nächste Drohn durch das seine ersetzt. Bei dem vielfachen Geschlechtskontakt mit Drohnen aus der gesamten Umgebung bekommt die Königin ihren Samen für das ganze Leben, das bis zu vier Jahre dauern kann. Inzucht ist damit ausgeschlossen.

Wiederum dauert es eine Woche, bis die neue Königin mit dem Eierlegen beginnt und damit für

Pollen bleibt bei den Sammelflügen im Haarkleid der Arbeitsbienen hängen. Am hinteren Beinpaar befinden sich Haare. In Form von „Höschen" wird der Pollen nach Hause transportiert.

den Fortbestand des Bienenvolkes sorgt. Ihr Eierstock sieht aus wie eine Weintraube: Aus seitlichen Kammern löst sich ein Ei, das sich in der Mittelachse nach unten bewegt. Hier wird ein Samen hinzugefügt. Das Ei ist damit befruchtet und wird zur Arbeitsbiene.

Legt die Königin übrigens ein unbefruchtetes Ei, so wird ein Drohn daraus. Der Imker spricht von Jungfernzeugung (der wissenschaftliche Ausdruck dafür ist Parthenogenese). Die Königin entscheidet darüber mit dem Abmessen des Zellen-Durchmessers (Drohnenzellen sind größer).

Einfangen eines Schwarmes

Ein Bienenschwarm ist normalerweise friedlich und mit sich selbst beschäftigt. Was von außen wie ein planloser Haufen einzelner Bienen aussieht, ist ein hochkomplexes Gebilde: Wie Schindeln sitzen die Bienen außen und schirmen mit Flügeln und Körpern die Artgenossen gegen Feuchtigkeit ab. Auch das Innere eines Bienenschwarmes ist klimatisiert durch senkrechte Luftzüge nach unten.

Sobald sich ein Schwarm nach dem Auszug aus dem Stock niedergelassen hat, gehen Flugbienen auf die Suche nach einer neuen Bleibe. Wählerisch sind die Bienen dabei nicht, denn der Schwarm hat nur Vorräte für drei Tage dabei. Ein hohler Baum, ein Mauerloch, ein Schornstein, aber auch ein Briefkasten oder ein Auto mit offenem Fensterspalt kommen in Frage. Sobald die Bienen an solchen Stellen eingezogen sind und Waben gebaut haben, sind sie für den Imker verloren.

Der Imker muss dem zuvorkommen: Am besten befindet sich zur Schwarmzeit am Stock immer eine Leiter in Griffnähe, ebenso ein Wassersprüher. Sind die äußeren Bienen eines Schwarmes klamm und feucht, nimmt die Lust an der Weiterreise erst einmal ab. Dadurch gewinnt der Imker Zeit.

Abenteuer mit Bienenschwärmen

Oft hängen Schwärme am gleichen Baum in der Nähe des Bienenstandes, manchmal aber auch nicht:
Ein Schwarm wählte vor einigen Jahren meine Werkzeugkiste. Er ließ sich erst mit sehr viel Rauch zum Auszug bewegen. Der Regenschacht eines Freundes gefiel einem anderen Schwarm. Widerwillig und ungnädig reagierte er, als ich ihn handvollweise in die Schwarmkiste schöpfte.

Eine Schwarmfangkiste ist ab Mai nützlich. Sofern der Imker die Königin des Schwarmes erwischt hat, ziehen die anderen Bienen mit ein. Es ist hilfreich, die Schwarmkiste zu kühlen, etwa mit einem nassen Handtuch und Wassernebel aus einem Handzerstäuber. Damit wird verhindert, dass die Bienen erneut auf Wanderschaft gehen.

Hier wird ein Pheromon aus der Sterzeldrüse verteilt: Mit dem nach oben gereckten Hinterleib signalisieren Schwarmbienen: „Hierherkommen, die Königin sitzt im Kasten." Für den Imker heißt das: Es sieht gut aus, der Schwarm ist gefangen.

Das Einfangen selbst ist schnell erklärt: Eine spezielle Kiste zum Einfangen von Bienenschwärmen (notfalls tut es auch ein Eimer oder Pappkarton) wird unmittelbar unter den Schwarm gehalten und diesen schüttelt man ruckartig hinein. Die Masse der Bienen mit der Königin muss hineinfallen, dann werden alle anderen Bienen ebenfalls einziehen. Wird die Königin nicht erwischt, hängen bald alle Bienen wiederum am Baum.

Die Schwarmfangkiste wird mit dem Deckel verschlossen, ihr Flugloch bleibt offen. Die Kiste wird unterhalb des Platzes abgestellt, an dem der Schwarm hing. Ist die Königin eingefangen, wird dies schon nach wenigen Minuten sichtbar: Hunderte von Bienen sitzen an der Schwarmkiste, recken den Hinterleib in die Höhe und schlagen mit den Flügeln. Sie verbreiten ein Pheromon, das den Rest der Bienen zur Kiste lockt.

Wird ein nasses Handtuch über die Schwarmfangkiste gelegt, kommen die Bienen schneller zur Ruhe. Dies ist besonders wichtig, wenn die Kiste in der prallen Sonne steht. Hier besteht die Gefahr, dass der Schwarm es sich anders überlegt und wieder wegfliegt.

Klappt das Einfangen, sitzt der Bienenschwarm in der Dämmerung ganz still als Traube in der Schwarmfangkiste. Nun wird das Flugloch geschlossen. Über Nacht in einem kühlen Keller aufbewahrt, vergeht den Bienen die Reiselust dann endgültig.

Solange Honig noch zu viel Wasser enthält, bleiben die Zellen offen. In der Bildmitte oben ein „Spielnäpfchen", die Vorstufe einer Königinnenzelle. Die Bienen haben die für Buckfast-Bienen typische orange Färbung.

Immer über die Gummistiefel
Wer im taunassen Gras und in Gummistiefeln einen Schwarm fängt, sollte Folgendes beherzigen: Den Schutzanzug darf man niemals in die Gummistiefel stecken, sondern muss ihn darüberziehen. Sonst fallen, wenn man auf der Leiter steht, viele Bienen am Schutzanzug herab – und in die Stiefel. Beim Heruntersteigen weiß der Imker: Jede Sprosse tut weh und es hilft nur eines: Würde bewahren!

Hosentaschen-Königin
Nach getaner Arbeit wurde die Schutzkleidung ausgezogen. Doch was surrte da? Es war die Königin aus dem letzten geöffneten Volk. Ich hatte sie herausgefangen, in einen kleinen Schutzkäfig gesteckt und in meiner Hosentasche geparkt ... Die Familienzusammenführung im Bienenstock klappte vorzüglich. Das Volk rauschte schon heftig, weil es seine Stockmutter vermisste.

Am Morgen des nächsten Tages kommen die Bienen in ihr neues Quartier. Der Imker spricht von „Schwarm einschlagen": Auf eine Zarge mit Mittelwänden wird eine Leerzarge aufgesetzt. Sie hat die Funktion eines Trichters. Man öffnet den Deckel der Schwarmfangkiste und schlägt die Bienen mit einer ruckartigen Bewegung ein. Mit dem Abkehrbesen fügt man die restlichen Bienen hinzu. Gibt man reichlich Rauch, ziehen sich die Bienen schnell nach unten zwischen die Mittelwände der unteren Zarge zurück. Nun wird die Innenseite der aufgesetzten Zarge abgekehrt und diese entfernt. Deckel auflegen. Fertig.

Die Bienen des Schwarmes beginnen sofort mit dem Ausbau der Mittelwände. In den nächsten Stunden fliegen sich die Sammelbienen auf den neuen Standort ein. In wenigen Tagen nimmt die Königin ihre Legetätigkeit wieder auf. Der Imker hat ein neues Volk.

Ganz wichtig ist es, dass man in den ersten Tagen dem Bienenvolk kein Zuckerwasser oder Futterwaben gibt. Die Bienen könnten dies als Einladung sehen, sich vollzufressen – und danach noch einmal auf die Reise zu gehen. Der Schwarmtrieb ist erst vorbei, wenn einige Waben ausgebaut sind und die Königin wieder Eier legt.

Im Laufe der Saison produzieren Bienen Honig verschiedener Färbung: Robinien (links unten) liefern einen fast wasserklaren Honig, rechts daneben Blütenhonige, oben Blütenhonig mit Waldanteil, links oben reiner Waldhonig.

Honiggewinnung

Honig ist immer oben

Im Mai ist für die Bienen Hochsaison: Die Obstgärten stehen in Blüte, die Wiesen sind bunt, Sträucher wetteifern um Bestäubungsinsekten. Wer nun versäumt, den Bienenvölkern rechtzeitig eine weitere Zarge zu geben („aufsetzen"), riskiert einen Bienenschwarm. Um einen Anhaltspunkt zu geben: Sind die Gassen zwischen den Waben 1 und 2 und den Waben 9 und 10 (siehe Abbildung Seite 30) rege bevölkert, kann aufgesetzt werden. Im Prinzip macht der Imker nichts anderes als bei der vorherigen Stockerweiterung: Aus der zweiten Zarge gibt man zwei bis drei Brutwaben in die neue Zarge, aber zuvor muss man alle ansitzenden Bienen abstreifen. Als Nächstes legt man das Absperrgitter (siehe nächster Abschnitt) auf die zweite Zarge. Erst dann setzt man die dritte Zarge mit den zwei bis drei Brutwaben auf. Diese hängen hier in der Mitte, rechts und links wird mit Mittelwänden aufgefüllt.

Plädoyer für das Absperrgitter

Das Absperrgitter ist unter Imkern umstritten, weil es den Bienenstock in zwei Bereiche teilt: Unterhalb hält sich die Königin auf und legt ihre Eier, die bis zur Verdeckelung von den Bienen gepflegt werden. Der Bereich über dem Absperrgitter ist für die Königin nicht erreichbar. Die Schlitze im Absperrgitter haben eine Weite von 4,2 Millimetern. Arbeitsbienen schlüpfen durch, die Königin (und auch die Drohnen) sind etwas dicker und bleiben ausgesperrt – daher der Name.

Gegner des Absperrgitters sehen einen zu großen Eingriff in das Innenleben eines Bienenvolkes. Ich selbst bin ein ausdrücklicher Befürworter des Absperrgitters. Gerade ein Anfänger hat damit klare Verhältnisse: Über dem Gitter befindet sich Honig, unter dem Gitter findet das Brutgeschäft statt.

Mit dem Absperrgitter lässt sich die Honigernte sehr genau vorherbestimmen, auch wenn der Imker Brutwaben (ohne Bienen) über das Absperrgitter gehängt hat. Nach spätestens drei Wochen

Mit dem Absperrgitter wird verhindert, dass die Königin in den Honigraum klettert und dort Eier legt. Der Einsatz des Absperrgitters schafft vor allem für Imker-Neulinge klare Verhältnisse: Oberhalb davon ist Honig, unterhalb befindet sich Brut.

sind diese Jungbienen geschlüpft. Sie wollen instinktiv Brut pflegen und gehen nach unten. In die frei werdenden Zellen lagern die Bienen sofort Honig ein – der ist schließlich immer oben.

Das Absperrgitter ermöglicht gerade dem Anfänger eine gute Übersicht. Man muss bei der Honigentnahme nicht jede Wabe einzeln absuchen.

Was raucht am besten?

Zum Anzünden eignet sich ein Stück Eierkarton oder Wellpappe: Diese rollt man zusammen, zündet sie an einem Ende an und steckt sie behutsam in den Smoker.

Bestens eignet sich vermodertes Holz, egal von welcher Baumart. Das zersetzte, federleichte Material glimmt lange anhaltend. Sobald eine stabile Glut entstanden ist, füllt man mit festerem Material auf, zum Beispiel mit Hackschnitzeln. Mit dem Blasebalg wird so lange gepumpt, bis das eingefüllte Brenngut kurz aufflammt. Dann kann der Deckel geschlossen werden.

Es gibt unzählige Honigsorten und Geschmacksrichtungen. Eines haben sie alle gemeinsam: Sie sind köstlich.

Geheimtipps gegen Stiche

Fast jeder Imker hat seine eigenen Tipps für die Stichabwehr. Untersucht ist, dass Bienen die Farbe Weiß mögen. Mattes Schwarz – wie die Nase vom Bären – provoziert sie zu Gegenwehr. Eine Schnapsfahne, strenges Deo (oder wenn selbiges versagt) werden unwillig quittiert. Eine Lösung von ein paar Tropfen Essig in Wasser, mit der man die Handschuhe abreibt, finden Bienen abstoßend. Eine sehr gute Wirkung hat Nelkenöl: Man träufelt einige Tropfen auf ein Tuch und legt dieses nach dem Öffnen des Stockes auf die Waben. Die Bienen ziehen sich sofort nach unten zurück. Das Tuch bleibt frisch, wenn es in einem dicht verschlossenen Kunststoffgefäß aufbewahrt wird.

Angst vor dem Waldbrand

Zum Schutz vor Waldbrand helfen den Bienen keine Stiche. Sie harren instinktiv aus und saugen sich mit Honig voll für den Fall, dass sie vor dem Feuer fliehen müssen. Mit dem Räuchergerät (Smoker) erzeugt der Imker Waldbrand-Stimmung. Die Bienen haben sofort andere Sorgen als zuzustechen. Meist reichen zwei, drei Rauchstöße aus und es findet kein Feindflug mehr statt.

Honig schleudern

Mit dem Aufsetzen des Honigraumes (über dem Absperrgitter, in der dritten Zarge) gewinnt der Imker etwa zwei Wochen Zeit. Bei kühlem Wetter kann es auch länger dauern, bis die Waben reif sind. Dies ist der Fall, wenn die Honigzellen ganz oder zu zwei Dritteln verdeckelt sind. Im Gegensatz zu Brutzellen sind die Deckel auf den honiggefüllten Waben flach. Dahinter lagert Honig, der in der Regel weniger als 17 Prozent Wassergehalt hat. Hat Honig zu viel Wasser, ist er nicht lagerfähig. Es besteht die Gefahr, dass er in Gärung übergeht.

Es gilt die Faustregel: Wenigstens die Hälfte der Honigwabe sollte verdeckelt sein. Empfohlen ist auch die „Spritzprobe": Man entnimmt eine Wabe, hält sie waagerecht über dem Stock und bewegt sie einmal ruckartig nach unten. Spritzt dabei Honig heraus, enthält der Honig zu viel Wasser, er kann noch nicht geerntet werden.

Grundsätzlich ist es sinnvoll, den Honig am Vormittag zu entnehmen oder nach einem Regentag, an dem die Bienen nicht fliegen konnten. In beiden Fällen hat der Innendienst Wasser reduziert. Es kam aber kein neuer, wässriger Nektar von draußen dazu.

Es ist ein weiteres Anzeichen für wenig Wasser im Honig, wenn dieser – sobald er aus der Schleuder rinnt – beim Auftreffen im Eimer kreisrunde Bewegungen vollführt oder hin- und herschlägt.

Wer schließlich ganz sichergehen will, arbeitet mit einem Refraktometer. Dieses Gerät zeigt den unterschiedlichen Brechungswinkel von Licht bei veränderten Konzentrationen an. Dafür wird ein Tropfen Honig auf ein Glas gestrichen. Hält man das Gerät gegen das Licht, kann man an der Skala den Zucker- bzw. den Wassergehalt ablesen. Ein Refraktometer kostet rund 100 Euro. Es wird normalerweise nur drei- bis viermal im Jahr gebraucht. Am besten fragt man im Verein nach, wer eines besitzt, das man ausleihen kann.

Vom guten Rauch

Mit dem Rauch des Smokers hält sich der Imker die Bienen auf Distanz. Meistens sind nur zwei bis drei Rauchstöße nötig, und die Bienen verschwinden nach unten, um ihre Brut zu schützen. Unter Imkern wird die Räuchermischung bisweilen als Geheimrezeptur gehandelt. Man kann sie als Rippentabak sogar kaufen.

Die Honigschleuder

Für den Eigenbedarf genügt eine gebrauchte Honigschleuder völlig. Brauchbare Geräte finden sich in großer Zahl auf dem Markt, allerdings haben solche Honigschleudern meistens einen Kessel aus verzinktem Blech oder aus Aluminium. Nach geltendem Lebensmittelrecht ist Edelstahl vorgeschrieben. Als gebrauchte Artikel gibt es diese Schleudern kaum.

Sinnvoll ist für den Anfänger eine sogenannte Vier-Waben-Tangential-Schleuder. Einfach erklärt handelt es sich hier um einen stehenden Zylinder, der innen Haltebügel für vier Bienenwaben aufweist. Beim Schleudervorgang sausen diese innen parallel zur Blechwand im Kreis. Dabei wird eine Seite der Honigwabe geleert. Um die Rückseite zu bearbeiten, wird die Wabe entnommen, um 180 Grad gedreht und ein zweites Mal geschleudert. Durch die Fliehkraft spritzt der Honig aus den Zellen, rinnt hinab und sammelt sich auf dem Boden der Schleuder. Von dort rinnt er über eine verschließbare Öffnung (Quetschhahn) über zwei Siebe (grob und fein) in den Honigeimer. Auch für die Siebe gilt die Empfehlung, sich beim Kauf für Edelstahl zu entscheiden.

Die beschriebene Honigschleuder mit Handkurbel erhält man ab 500 Euro und sie ist für den Anfänger mit fünf bis sechs Bienenvölkern absolut ausreichend. Beim Kauf sollte man auf ein stabiles Untergestell achten. Denn beim Betrieb muss die Honigschleuder beachtliche Kräfte aushalten. In Bezug auf den Preis gibt es nach oben keine Grenzen.

Ein Elektromotor für das Wabenschleudern ist hilfreich ab 20 Bienenvölkern. Bei Selbstwende-Schleudern klappen die Waben – je nach Drehrichtung – einmal auf die eine, dann auf die andere Seite. Sie müssen dabei nicht herausgenommen und per Hand gewendet werden. Die Anschaffungskosten betragen dafür mindestens 1.400 Euro. Großimker verwenden Radialschleudern. Hier stecken die Waben sternförmig in der Schleuder und werden mit sehr hoher Drehgeschwindigkeit entleert. Erwerbsimker arbeiten mit Schleuderstraßen im industriellen Maßstab und investieren dafür hohe Geldsummen.

Unentbehrlich ist das Entdeckelungsgeschirr: Die volle Honigwabe wird hier auf zwei Bügeln aufgelegt. Mit einer Entdeckelungsgabel hebt der Imker dann die Deckel der Honigwaben ab, erst auf der einen Seite, dann auf der Rückseite.

Eine handbetriebene Vier-Waben-Honigschleuder reicht für den Anfang absolut aus. Ein Kessel aus Edelstahl ist heute Standard.

Ob Honig reif ist, lässt sich mit dem Honig-Refraktometer feststellen. Auf die Glasfläche links wird dazu ein Honigtropfen aufgetragen. Honig sollte weniger als 17 Prozent Wassergehalt haben.

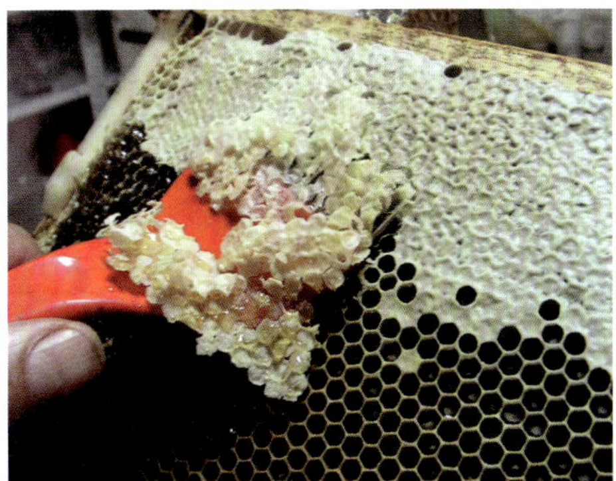

Mit der Entdeckelungsgabel werden die Deckel der Honigwaben geöffnet.

Hochkant aufgestellt sausen die Honigwaben in der Schleuder rundherum. Durch die Fliehkraft spritzt der Honig an die Innenseite der Trommel und läuft aus einer Öffnung (dem Quetschhahn) heraus.

Ein Doppelsieb hält grobe und feine Wachsteile zurück, ehe der Honig in die Lagereimer läuft.

Schleudern mit Gefühl

Hochkant aufgestellt kommt die Wabe in die Trommel der Schleuder. Die Ohren der Rahmen sollten sich dabei (von oben betrachtet) unbedingt rechts befinden. Bei einer Drehrichtung im Uhrzeigersinn wird die Wabe so optimal entleert. Damit die Schleuder keine zu große Unwucht entwickelt, ist es hilfreich, wenn die jeweils gegenüberliegenden Honigwaben etwa das gleiche Gewicht haben.

Dunkle Honigwaben halten größere Kräfte aus, helle brechen leicht. Aus dunklen Waben sind mehrfach Bienen geschlüpft. Dabei bleibt jeweils ein Häutchen an der Innenwand der Zelle zurück. Dieses wirkt als Verstärkung der Wabe, was beim Schleudern vor Bruch schützt. Filigrane, helle Waben dreht man besser ganz langsam und wendet sie dabei mehrfach. Nach einigen Durchgängen und mit etwas Feingefühl hat man das bald gelernt.

Der Honig rinnt über den Auslass der Schleuder in den Sammeleimer. Grobe und feine Wachsteile bleiben in den beiden Sieben zurück. Sobald der Eimer voll ist, wird dieser sofort geschlossen. Im kühlen und dunklen Depot hält Honig in Lagereimern mehrere Jahre.

Frisch geschleuderter Honig enthält weniger Wasser als die Umgebungsluft. Er zieht mit der Luftfeuchte auch Fremdgerüche an, wie zum Beispiel von Zwiebeln oder eingelegten Gurken.

Man sollte grundsätzlich keine Lagergefäße befüllen, die mehr als 20 Liter fassen, sonst wird später das Portionieren in die Gläser zur Schwerstarbeit und der Imker braucht teure Hebegeräte. Auch hier werden Edelstahl-Lagergebinde empfohlen, die mir persönlich einfach zu teuer sind. In meiner Imkerei lagert Honig in lebensmittelechten Kunststoffeimern (gekennzeichnet mit Messer-und-Gabel-Symbol am Boden). Solche Eimer gibt es im Imkerbedarfshandel ab 6 Euro das Stück (mit Falzdeckel, 20 Kilogramm Inhalt). Ein Gefäß mit demselben Volumen in Edelstahl kostet etwa das Zehnfache. Wer generell Kunststoff ablehnt, muss diesen Betrag eben ausgeben.

Disteln gelten als lästiges Unkraut. Für Bienen sind sie eine begehrte Nektarquelle.

Gewinnung von Pollen

Vor das Flugloch wird ein sogenannter Pollenkamm montiert. Bei den heimkommenden Bienen werden beim Passieren die Pollenhöschen von den Hinterfüßen abgestreift. Der Pollen fällt in eine Sammelrinne. Pollen muss täglich entnommen und gereinigt werden. Er wird getrocknet und eingefroren. In der Apitherapie wird er unter anderem gegen Pollenallergien eingesetzt. In Honig kann zu diesem Zweck Pollen der jeweiligen Saison eingerührt werden. Für spezialisierte Imker ist die Pollengewinnung ein interessanter Nebenerwerb. Zu bedenken ist allerdings, dass Bienenvölker große Mengen von Pollen zur eigenen Entwicklung brauchen. Der Pollenkamm darf daher nicht über längere Zeiträume vor dem Flugloch hängen.

Ab April werden neue Bienenvölker gebildet, sogenannte Ableger. Sie wachsen auf vier Waben heran und werden dann in eine volle Zarge umgesetzt.

Neue Bienenvölker

Brutzellenableger

Im Mai quellen die Bienenvölker förmlich über, jetzt ist die beste Zeit für die Bildung von neuen Bienenvölkern. Dafür gibt es unzählige Möglichkeiten. Die einfachste Methode ist der Brutzellenableger. Bienen, die nämlich den Verlust ihrer Königin feststellen, helfen sich selbst. In diesem Fall werden jüngste Bienenmaden (wie sie im Futtersaft liegen) von den Bienen bis zur Verdeckelung durchgehend mit Gelée royale gefüttert. Dafür verlängern die Bienen einige ausgewählte Zellen. Der Imker spricht von Nachschaffungszellen. Diese sitzen meist in der Mitte einer Brutwabe.

Tipp: Eine einfache Methode, neue Bienenvölker zu gewinnen, ist der Brutzellenableger. In die abgebildete Vier-Waben-Ablegerkiste (siehe Foto links unten) kommen rechts und links eine honiggefüllte Wabe, eine Wabe mit Eiern bzw. junger Brut und eine Wabe mit verdeckelter Brut. Die Kiste wird mindestens 3 Kilometer weit weggebracht, damit die Flugbienen dem Ableger erhalten bleiben. Nach 5–6 Wochen ist daraus ein neues Bienenvölkchen geworden, in dem eine junge Königin Eier legt.

Um sicherzugehen, dass die Königin aus dem alten Bienenvolk nicht versehentlich in den Ableger umgehängt wird, gibt es einen einfachen Trick: Die Brutwaben für den Ableger gibt man ohne Bienen über das Absperrgitter und kennzeichnet es mit Reißnägeln.

Am nächsten Tag nimmt man die beiden Brutwaben für den Ableger mit allen ansitzenden Bienen heraus. Instinktiv sind diese Pflegebienen zu ihrer Brut hinaufgeklettert, doch die Königin musste wegen des Absperrgitters unten bleiben. Den so gebildeten Ableger muss man mindestens 3 Kilometer weit wegbringen. Auf diese Weise bleiben dem kleinen Völkchen die Flugbienen erhalten. Bleibt der Ableger am Bienenstand, fliegt der „Außendienst" in sein ursprungliches Volk zurück.

In dem beschriebenen Vier-Waben-Ableger geschieht Folgendes: Erst rauschen die Bienen auf, weil sie ihre Königin vermissen. Innerhalb von Stunden entscheiden die Bienen, in welchen Zellen ersatzweise Königinnen heranreifen sollen. Nach etwa zwei Wochen schlüpft die erste Weisel, die bemüht ist, die anderen Königinnen zu töten. Ab der dritten Woche fliegt die junge Königin aus, um sich mit Drohnen zu paaren. Etwa ab der vierten Woche stellt die junge Königin ihre Flüge ein, nachdem sie den Samenvorrat für ihr Leben hat. Ihr Hinterleib schwillt an, weil sich ihr Eierstock streckt. Die nunmehr flugunfähige Königin legt ihre ersten Eier. Erst jetzt kann das Bienenvolk wieder wachsen. Es wird sich schneller entwickeln, wenn es weitere Futterwaben bzw. Zuckerwasser oder Zuckerteig erhält.

Grundsätzlich kann ein Brutableger auch mit sechs Waben oder mit einer ganzen Zarge (mit zehn Waben) gebildet werden. Diese Waben können auch aus verschiedenen Völkern stammen (man spricht von einem Sammelbrutableger). Ganz ähnlich funktioniert der Schwarmzellen-Ableger. Hier wird eine Wabe mit Weiselzelle (von einem Volk, das schwärmen will) in den Ablegerkasten gehängt, ansonsten erfolgt die Wabenanordnung wie beim Brutwaben-Ableger.

Bei einem Teil der Imker ist das Vermehren von Bienen über Brutableger umstritten. Da die Bienen aus der Not heraus eine Königin nachproduzieren, sei diese weniger leistungsfähig. Es besteht die theoretische Möglichkeit, dass die Königin nicht durchgehend mit Gelée royale gefüttert worden ist. Aus meinen eigenen Erfahrungen kann ich dies nicht bestätigen. Sollte sich ein Bienenvolk dennoch schlecht entwickeln, wird es bei mir wieder aufgelöst.

Kunstschwarm

Der Kunstschwarm ist eine andere, einfache Möglichkeit, ein neues Bienenvolk zu bekommen.

Der Anfänger sollte bei dieser Arbeit erst einmal bei einem erfahrenen Kollegen zusehen. Außerdem braucht es zwei Investitionen: Das ist zunächst eine spezielle Kiste mit einem kreisrunden Loch im Deckel. In diesen passt als zweites ein Blechtrichter.

Aus verschiedenen Völkern werden nun Bienen von ihren Waben geschüttelt. Sie fallen leichter herab, wenn sie mit etwas Wasser besprüht werden. Man muss darauf achten, dass die Königin des Volkes nicht versehentlich entnommen wird. Die Bienen fallen in die Kiste, wo sie sich in Form einer Traube aneinanderklammern. Rund zehn gut besetzte Waben ergeben eineinhalb Kilogramm Bienen. Zum Schluss wird der Trichter entfernt, man stößt die Kiste kurz auf dem Boden auf und verschließt den Lochdeckel. In einem kühlen Raum entwickeln die Bienen ein Gefühl der Zusammengehörigkeit. Da diese Bienen keinerlei Vorräte haben, müssen sie unbedingt etwas Honig- oder Zuckerwasser bekommen.

Nach ein paar Stunden, spätestens am Tag darauf, wird in einem Zusetzkäfig die Königin hinzugegeben. Das ist zuvor mit dem Bienenzüchter abzusprechen, von dem eine Königin zum Termin abgeholt wird. Am besten befestigt man den Zusetzkäfig mit der Königin innen am Deckel der Kiste. Die Bienen werden die neue Königin willig annehmen und sich am Deckel um sie herum sammeln. Weiterhin ist es wichtig, noch einmal etwas Honig- oder Zuckerwasser zu geben, damit die Bienen nicht verhungern.

Ein Tipp zum Zusetzen von Königinnen: Die Zusetzkäfige haben ein mit einem Stopfen verschlossenes Loch. Diesen Stopfen nimmt man heraus und verschließt ihn mit Futterteig (Honig mit Puderzucker gemischt). Die Bienen fressen den Ausgang für die neue Weisel frei und werden mit ihr vertraut. Dies klappt so gut wie immer.

Es dauert nur kurze Zeit und die Bienen fühlen sich mit ihrer neuen Königin als ein Volk. Dieses wird in eine vorbereitete Zarge gegeben: In die Mitte kommen drei bis vier ausgebaute Waben, rechts und links davon Mittelwände. In den folgenden Wochen muss das neue Volk weiter gefüttert werden. Es ist auch möglich, den Kunstschwarm gänzlich mit Mittelwänden zu bilden.

Königinnen gibt es bei Bienenzüchtern zu kaufen, sowohl begattete als auch unbegattete. Begattete Königinnen legen sofort Eier, die unbegatteten müssen erst noch Drohnenkontakt haben. Der Imker trägt dabei das Risiko, dass seine neue Königin auf einem dieser Hochzeitsflüge verloren geht. Nach einer weiteren Woche sollten dann kleinste Stifte (die Eier der Königin) zu erkennen sein.

Es ist auch möglich, die Bienen eines Kunstschwarmes nach einer Nacht im Keller direkt in eine vorbereitete Zarge zu geben, in der eine Brutwabe hängt. Wie beim Brutzellenableger beschrieben, helfen sich die Bienen selbst, indem sie jüngste Maden auswählen und ihre eigene Königin heranziehen. Der Unterschied: Die Bienen stammen hier aus verschiedenen Völkern, haben den Bezug dorthin aber verloren. Im Kunstschwarm fühlen sie sich als neue Einheit. Ein solcher Ableger kann am Stand stehenbleiben. Ihm bleiben die Flugbienen erhalten.

Tipp: Wer sich nicht sicher ist, ob das Völkchen nun eine Königin hat oder nicht, kann die Weiselprobe machen: Man hängt eine Wabe mit junger Brut (kleinste Maden) in die Kiste. Wenn die Bienen auf der Wabe wiederum versuchen, Weiselzellen heranzuziehen, hat das Volk keine Königin. Pflegen die Bienen die Brut normal weiter, ist eine Königin vorhanden.

Das Züchten eigener Königinnen, die Reinzucht auf Belegstellen und die Zuchtauswahl ist eine Disziplin für sich. Darauf sollte der neue Imker zunächst verzichten.

Wo die Königin hinfliegt, setzt sich auch der Schwarm dazu. Dem Imker bleiben nur wenige Stunden Zeit, den Schwarm einzufangen. Sonst sucht er sich selbstständig eine neue Bleibe.

Bienenvolk vor dem Höhepunkt

In der ersten Juni-Hälfte befindet sich das Bienenvolk weiter in der Aufwärtsentwicklung. Sie hält an bis etwa zur Sommersonnenwende am 21. Juni.

Helle, ausgeschleuderte Waben nehmen die Bienen bevorzugt an. Innerhalb von Stunden sind diese wieder geputzt und fertig für die Aufzucht neuer Brut. Dafür gibt man verdeckelte Waben aus dem Brutraum in die Mitte über das Absperrgitter. Unten füllt man mit hellen, ausgeschleuderten Waben und Mittelwänden auf. Inzwischen sollte sich in der zweiten Zarge überwiegend frischer Wabenbau befinden. Bei gutem Wetter und gutem Nahrungsangebot tragen die Bienen den Honigraum nun ein zweites Mal voll. Hier befinden sich überwiegend die dunkleren Waben, die nach dem Schleudern nicht mehr in das Brutnest zurückgegeben werden.

Noch immer gilt der Hinweis: Das wachsende Volk muss Platz haben für die Bruttätigkeit und für das Lagern von Pollen und neuem Honig. Instinktiv wollen Baubienen Wachs produzieren. Deshalb ist immer noch Gelegenheit, Mittelwände ausbauen zu lassen.

Waldameisen und Bienen

Wo es Bienenvölker gibt, sind meistens auch Rote Waldameisen in der Nähe. Sowohl Bienen als auch die Waldameisen profitieren voneinander: Waldameisen sorgen zuverlässig dafür, dass tote Bienen (Totenfall) aus den Bienenstöcken abgeholt werden. Auf der anderen Seite tragen Waldameisen Blattläuse in die Baumkronen hinauf. Die Blattläuse werden von den Waldameisen regelrecht umsorgt, wie hier auf einer Esskastanie. Die süßen Ausscheidungen von Blattläusen (und Schildläusen) sind Grundlage für den dunklen Waldhonig.

Einfache Bienentränke

Besonders in den heißen Sommermonaten sind Bienen dankbar für eine Tränke. Das Wasser dafür darf ruhig handwarm und abgestanden sein. Es genügt ein Eimer mit darauf schwimmenden Korken, Holz-Hackschnitzeln oder Moos. Einmal angenommen, nutzen die Bienen die Wasserquelle in großer Zahl. Wichtig ist, dass der Eimer niemals austrocknet.

Honig schleudern und abräumen

Ab der Sommersonnenwende am 21. Juni verliert das Bienenvolk an Dynamik: Die Königin legt sichtbar weniger Eier, der Bautrieb geht zurück. Noch immer schlüpfen täglich tausende von Bienen. Das sind jene, deren Eier die Königin drei Wochen zuvor gelegt hat. Es ist in dieser Zeit normal, dass Flugbienen außen vor dem Flugbrett hängen, weil sie im Stock keinen Platz mehr haben. Es dauert einige Wochen, bis sich diese „Bärte" abgebaut haben. Die Flugbienen kehren von einem Sammelausflug nicht mehr zurück.

Ab Anfang Juli ist Zeit, die Zargen auf zwei Einheiten zu reduzieren, in denen das Bienenvolk den kommenden Winter überdauern soll. Dabei gelten einige Grundsätze: Gesunde Bienenvölker brauchen helle Waben. Dunkle sollten aussortiert werden.

Für den Anfänger ist das gar nicht so leicht umzusetzen. Daher folgen dazu einige Empfehlungen: Da in den letzten Monaten mehrfach Waben aus der Einheit 2 in den Honigraum (Einheit 3) umgehoben worden sind, sollten sich in der Einheit 2 weitgehend helle Waben befinden. Mittelwände, Drohnenwaben oder nur teilweise ausgebaute Waben müssen jetzt entfernt und durch helle, ausgebaute Waben ersetzt werden. Es empfiehlt sich, diese Arbeiten zeitversetzt um einige Tage zu erledigen. Das stresst die Bienen am wenigsten.

Ein drastischer Eingriff ist der Tausch der Einheit 2 mit der Einheit 1. Mit diesem Schritt erhalten die Bienen auf der untersten Ebene komplett frischen Wabenbau. Dazu muss vorher der Honigraum abgehoben werden. Nach dem Zargentausch liegt das Absperrgitter wieder auf der Einheit 2.

Im nächsten Arbeitsschritt kommen nun dunkle Waben (Bienen vorher abstoßen) aus der Einheit 2 in den Honigraum. Es sollten möglichst wenige dunkle Waben in der Einheit 2 verbleiben. Stattdessen füllt man wiederum mit hellen, ausgebauten Waben auf.

Mitte Juli ist Zeit für das Abräumen: Der Honigraum (Einheit 3) wird zusammen mit dem Absperrgitter komplett entfernt. Soweit sich jetzt noch verdeckelte Brutwaben im Honigraum befinden, werden diese gesammelt einem anderen Volk aufgesetzt. Es bietet sich an, diese Waben Ablegern zu geben, die Verstärkung brauchen können.

Tipp: Honigwaben entnimmt man am besten am Morgen, dann nämlich enthält der Honig weniger Wasser. Wer sich unsicher ist, macht die Spritzprobe: Man hält die Wabe waagerecht und bewegt sie ruckartig nach unten. Spritzt kein Honig heraus, ist er reif.

Noch einmal besteht die Gelegenheit, in der Einheit 2 nachzusehen, ob alle Waben ausgebaut sind. Auch Drohnenwaben sind zu entfernen und gegen helle, ausgebaute Waben zu tauschen.

Mit dieser Zusammensetzung auf zwei Zargen ist das Bienenvolk bereit für die Varroa-Behandlung und die Gabe des Winterfutters.

Man sieht die Varroa-Milben nicht, weil sie sich in den geschlossenen Zellen der Bienenbrut entwickeln. Ausgewachsene Milben sind kaum stecknadelgroß. Im Bild zu sehen sind Varroa-Milben (Ober- und Unterseite) im Größenvergleich mit dem Kopf eines Zündholzes.

Eine sogenannte Bienenflucht erleichtert die Honigernte enorm. Dabei handelt es sich um eine Holzplatte mit einem Kunststoffaufsatz und einem Loch, durch das sich die Bienen nur in eine Richtung bewegen können. Am Vortag des Schleuderns wird das Absperrgitter entnommen und gegen die Bienenflucht getauscht. Über Nacht verlassen die Bienen den Honigraum. Von unten nach oben finden die Bienen den Weg nicht. Am Tag darauf kann der Honig stressfrei geerntet werden. Es befinden sich nur noch eine Handvoll Bienen im Honigraum.

Bienen-Barometer

Bienen haben ein gutes Gespür für die kurzfristige Wetterentwicklung, damit liefern sie eine Wettervorhersage: Etwa 30 Minuten vor sommerlichen Niederschlägen kehren die Sammelbienen fast ausnahmslos zurück. Zu erkennen ist dies an den Fluglöchern, wo hunderte von Bienen schlagartig landen und in die Stöcke hineindrängen. Auffällig ist zugleich, dass keine Bienen mehr ausfliegen. Die abfliegenden und ankommenden Bienen sind am Flugloch leicht zu unterscheiden: Startende Sammelbienen fliegen sehr schnell und fast waagerecht aus dem Stock. Landende Flugbienen kommen schwer beladen und auf einer höheren Ebene heran. Im Sinkflug stellen sie den Körper erst kurz vor dem heimatlichen Stock etwa auf 45 Grad an. Schwer beladen fallen sie förmlich auf das Flugbrett.

Gefahr durch die Varroa-Milbe

Die Varroa-Milbe sieht man kaum, sie vermehrt sich im Verborgenen in den verdeckelten Zellen und bedeutet für heimische Bienen eine ständige Gefahr. Der Parasit ist seit Jahrzehnten für Imker ein Dauerthema, denn ohne Gegenmaßnahmen brechen Bienenvölker zwangsläufig zusammen.

Die Entwicklung der Varroa-Milbe

Entnahme von Drohnenwaben

24 Tage braucht eine Drohne vom Ei bis zum Schlüpfen, drei Tage länger als eine Arbeitsbiene. In den Zellen der Arbeiterinnen entwickeln sich nicht alle Milben vollständig, in den Drohnenwaben jedoch alle. Die konsequente Entnahme verdeckelter Drohnenwaben hilft daher, die Vermehrung der Varroa-Milbe zu bremsen. Dazu werden leere Rähmchen (ohne Draht und ohne Mittelwand) in die oberste Brutzarge gegeben (Rand vom Brutnest, Position 2 und 9). Sobald das Bienenvolk keine Drohnen mehr pflegt, entnimmt man den Drohnenrahmen wieder und ersetzt ihn durch ausgebaute Waben oder Mittelwände.

Die konsequente Entnahme verdeckelter Drohnenwaben hilft, die Vermehrung der Varroa-Milbe zu bremsen. Entnommene Drohnenwaben sind übrigens ein ausgezeichnetes Hühnerfutter.

Den Vermehrungszyklus der Varroa-Milbe muss man kennen: Denn trotz aller Bemühungen bleiben einige Exemplare im Bienenvolk im Winter am Leben. Sobald die Bienen wieder brüten, krabbeln die Milben-Weibchen in die Zellen und lassen sich mit der Bienenmade verdeckeln. Dort legt die Milbe rund ein halbes Dutzend Eier. Sobald diese geschlüpft sind, saugen die jungen Milben in der Zelle an der sich entwickelnden Biene. Noch in der Zelle begatten sich die Milben-Geschwister untereinander. Die Weibchen verlassen die Zelle nach 21 Tagen (Arbeiterbienen schlüpfen dann) und suchen sich wiederum neue Opfer in den verdeckelten Brutzellen.

Für den Imker bedeutet das: Mit jeder Generation Bienen vervielfacht sich die Zahl der Milben, deren Vermehrung ab Winterende bis Hochsommer steil ansteigt. Die Königin legt nach der Sommersonnenwende weniger Eier. Die Varroa-Milbe nimmt darauf aber keine Rücksicht: Jetzt schmuggeln sich pro Zelle mehrere Milben-Weibchen ein. Es schlüpfen Bienen mit verkürztem Hinterleib; sie sind nicht flugfähig und haben ein kurzes Leben. In dieser Phase können Viruserkrankungen dazukommen, die über die Milben vermehrt werden.

Daraus ergibt sich, dass die stärksten Völker in der Regel die meisten Varroa-Milben enthalten. Sie haben durchgehend gebrütet und mit jeder Bienen-Generation wider Willen auch Milben vermehrt.

Einen Anhaltspunkt hat der Imker bei der Durchsicht der Diagnose-Schublade unter dem Gitterboden. Fallen Mitte Juli täglich zwischen fünf und zehn Milben ab, ist sofortiges Handeln nötig. Weit verbreitet und nachweislich wirkungsvoll für die Varroa-Bekämpfung ist eine Kombination aus zwei natürlich vorkommenden Säuren: Ameisensäure (85 Prozent) und Oxalsäure (3,5 Prozent, in Wasser gelöst oder in Tablettenform). Grundsätzlich angewendet wird Ameisensäure nach der Honigentnahme. Ameisensäure wirkt in die verschlossene Brutzelle hinein. Oxalsäure tötet

Der Liebig-Dispenser garantiert eine gleichmäßige Säure-Luft-Konzentration über mehrere Tage hinweg. Er ist billig, die Handhabung ist einfach und die Wirksamkeit gut.

nur auf den Bienen sitzende Milben, hat also nur Sinn nach Ende der Bruttätigkeit (witterungsabhängig, ab Ende November).

Viele Imkervereine bieten für Neuimker Hilfe bei der Varroa-Behandlung an. Anfänger sind gut beraten, sich helfen zu lassen. Es ist außerdem sinnvoll, alle Bienenvölker in einer Region innerhalb einer kurzen Zeitspanne gegen Varroa-Milben zu behandeln. Es wird damit vermieden, dass über stark befallene Völker das Umland erneut infiziert wird.

Kostenexplosion bei Varroa-Behandlungsmitteln

Seit Januar 2014 brauchen Mittel zur Varroa-Bekämpfung eine Zulassung als Tierarzneimittel. Für die Imker bedeutet dies, dass die Ameisensäure (85 Prozent) nunmehr das Vierfache und die fertige Oxalsäure (3,5 Prozent) mehr als das Zehnfache kostet – ohne nachweisbaren Mehrwert. Die Empörung darüber, dass nunmehr Bürokratie, Tierärzte und Apotheken kräftig mitverdienen, hält an. Dennoch ist der folgende Hinweis leider notwendig: Es dürfen nur die jeweils zugelassenen Behandlungsmittel angewendet werden.

Die nachfolgenden Abschnitte beschreiben die wirksame Bekämpfung der Varroa-Milbe. Diese kann abweichen von der jeweils geltenden Rechtslage. Der Imker muss sich also informieren.

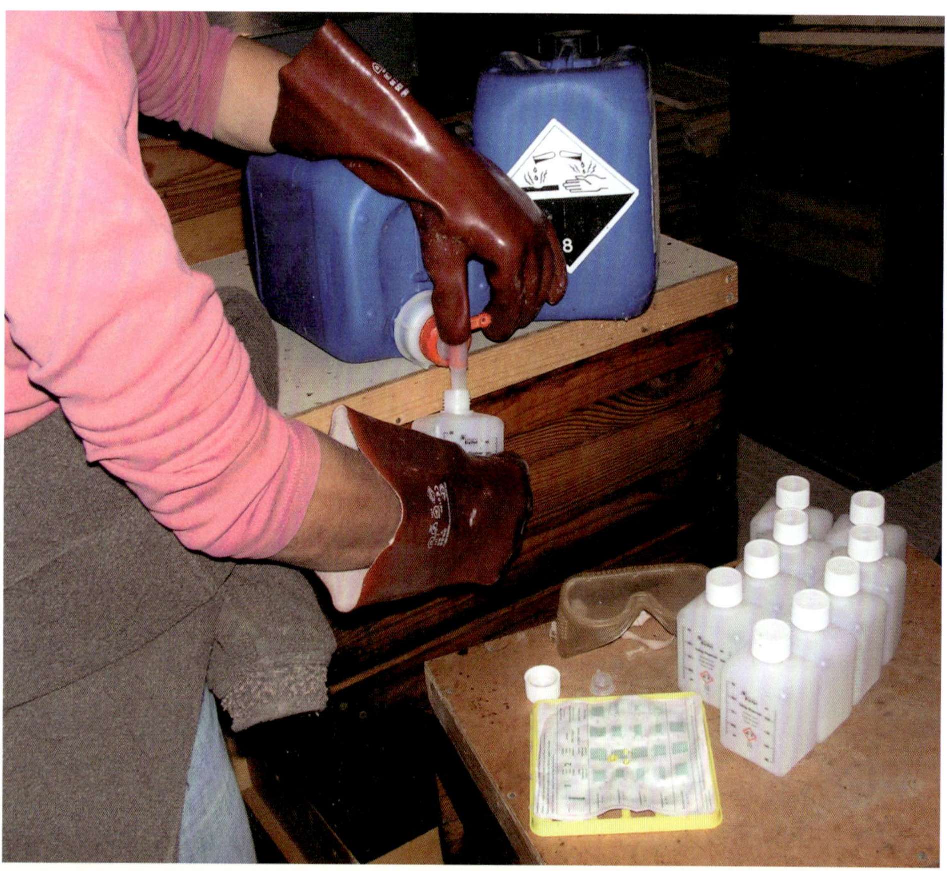

Ameisensäure ätzt, der Umgang damit erfordert unbedingt Handschuhe und Schutzbrille. Die Verdunsterbehälter am besten zu Hause portionieren. Sollte dennoch etwas passieren: Sicherheitshalber einen Eimer Wasser bereithalten zur sofortigen Reinigung von Haut und Augen.

Varroa-Behandlung mit Ameisensäure

Nach der Entnahme von Honig haben die Bienenvölker geringe Reserven. Empfohlen wird, den Bienen einmalig Futter zu geben. Das erzeugt eine beruhigende Grundstimmung, bevor die Völker dem stechenden Säuregeruch ausgesetzt werden.

Die Behandlung mit Ameisensäure gegen die Milbe funktioniert im Groben folgendermaßen: Ein bis zwei Wochen lang verdunstet Säure über saugfähiges Papier, einen Docht oder einen Schwamm. Das Säure-Luft-Gemisch ist schwerer als Luft. Es sinkt daher durch die Wabengassen des Bienenstockes nach unten. Die Bienen wollen den beißenden Geruch durch das Flugloch loswerden und rauschen mit den Flügeln. Als erwünschter Effekt wird das Säure-Luft-Gemisch gleichmäßig im Stock verteilt.

Auch der Liebig-Dispenser (Verdampfer) funktioniert nach diesem Prinzip. Er ging aus verschiedenen Vorgänger-Modellen hervor und darf als ausgereift gelten: Bei Bienenvölkern mit zwei Zargen steht der Verdampfer auf der zweiten Etage. Während der Varroa-Behandlung bekommt das Bienenvolk eine leere Zarge, sozusagen als Hülle, aufgesetzt. Auf dem Ganzen liegt der Deckel.

Das Träufeln einer wässrigen Oxalsäure-Lösung (3,5 Prozent) mit dem Schwanenhals ist eine einfache Bekämpfungsmethode gegen verbliebene Milben nach Brutende. Die handwarme Flüssigkeit wird ab November an einem sonnigen Tag zügig in die Wabengassen gegeben.

Mit dem Liebig-Dispenser wird zweimal pro Volk behandelt – einmal nach der Honigernte im Juli und das zweite Mal nach der Fütterung Mitte September, jeweils für die Dauer von etwa einer Woche. Dringend empfohlen wird, mit dem Verdunsten der Ameisensäure am Tagesrand zu beginnen, also zeitig am Morgen oder vor Einbruch der Nacht. Herrschen nämlich hohe Temperaturen von über 30 Grad Celsius, kann der Säurenebel auch für die Bienen gefährlich werden. In dieser Hinsicht ist den Empfehlungen des Herstellers zu folgen.

Der Liebig-Dispenser besteht aus drei Teilen: einem Kunststoff-Behälter mit Entleerungsskala und Tropfeinsatz, einem Verdunsterpapier mit Erklärungen zu Dosierung und einer Grundplatte für das Verdunsterpapier.

Die folgende Arbeit kann zu Hause und muss nicht an den Bienenstöcken geschehen: Zunächst zieht man den Tropfeinsatz aus dem Hals des Behälters. Dann wird die erforderliche Menge Ameisensäure in den Kunststoff-Behälter gefüllt (erforderlich sind 50–200 Milliliter je nach Beutentyp und Zargenzahl, im Juli die einfache, im September die doppelte Menge). Dafür trägt man unbedingt säurefeste Handschuhe und Schutzbrille. Für das Befüllen ist eine Aufziehspritze mit Saugschlauch hilfreich. Damit kann man die jeweilige Menge Ameisensäure aus der Literflasche entnehmen und in die Verdunsterbehälter geben. Obwohl dies eine relativ sichere Methode darstellt, ist dennoch Vorsicht geboten. Nach dem Befüllen der Verdunsterbehälter setzt man den Tropfeinsatz wieder ein und verschraubt die Behälter fest.

Am Bienenstand bei den Magazinen öffnet man die Deckel und treibt die Bienen mit etwas Rauch nach unten. Anschließend setzt man eine leere Zarge auf. Als Nächstes legt man das Verdunsterpapier auf die Grundplatte. In der Mitte des Papiers befinden sich drei Löcher. Durch diese ragen drei Dornen der Grundplatte.

Jetzt wird die Trägerplatte mit dem Papier auf die Rähmchen über das Brutnest platziert. Man öffnet den Verschluss des Säurebehälters und drückt diesen mit der Öffnung auf die drei Dornen in der Mitte der Grundplatte. Wenn sich dabei das Verdunsterpapier am Rand nach oben wellt, ist das normal. Wichtig ist, dass der Hals des Säurebehälters sicher auf den Dornen steckt. Damit wird erreicht, dass immer nur so viel Säure nachrinnt, wie über das Verdunsterpapier abgegeben wird. Nach einer Minute ist zu sehen, wie die Säure vom Hals der Flasche auf das Verdunsterpapier durchnässt.

In den nächsten Tagen lässt sich an der Skala des Säurebehälters die Menge der verdunsteten Ameisensäure ablesen. Diese sollte zum Beispiel bei einem Zander-Volk mit 20 Rähmchen (zwei Zargen) zwischen 20 und 30 Milliliter täglich liegen. Die Verdunstung ist dann abgeschlossen, wenn der Säurebehälter leer ist und die Bienen beginnen, das Verdunsterpapier wegzufressen.

Die Varroa-Milben fallen innerhalb der nächsten zwei bis drei Wochen ab, zuerst sind es einige wenige, dann einige Dutzend täglich, mitunter hunderte pro Tag. Der Abfall klingt dann wieder ab. Die Kontrolle ist möglich auf der Schublade unter dem Gitterboden. Das Volk muss dazu nicht geöffnet werden.

Durch die zweimalige, um zwei Monate versetzte Milbenbekämpfung sollte das Bienenvolk jetzt fast milbenfrei sein. Aber eben nur fast: Einige Milben vermehren sich wieder, und zwar bis zu den ersten Nachtfrösten. Dann hören die Bienen mit dem Brüten auf.

Oxalsäure gegen Milben im Winter

Oxalsäure, 3,5 Prozent gelöst in Wasser, ist wirksam gegen Varroa-Milben. Eine noch bessere Wirkung wird erreicht, wenn man Wasser 1:1 mit Zucker vermischt und dann die Oxalsäure hinzufügt. Mit der Feinwaage bzw. Briefwaage ist es möglich, die Lösung genau in der wirksamen Mischung herzustellen. Nötig sind dazu: 630 Milliliter destilliertes Wasser, 630 Gramm Zucker und 35 Gramm Oxalsäure-Dihydrat. Letzteres ist in Pulverform erhältlich. Ein Kilogramm kostet rund zehn Euro (Reinheit 99,6 Prozent). Bei der Zubereitung muss man säurefeste Handschuhe und Schutzbrille tragen.

Sobald es einige Male nachts gefroren hat, stellen die Bienen ihre Bruttätigkeit ein. Es dauert dann noch etwa zwei Wochen, bis die letzte Biene geschlüpft ist. Nun sitzen alle Milben schutzlos außen an den Bienen, die sich zu einer Wintertraube zusammengezogen haben. Nötig ist ein sonniger Tag, an dem die Temperaturen 8 Grad Celsius erreichen.

Zunächst wird die 3,5-prozentige Oxalsäure-Lösung angewärmt: In einen Eimer lässt man sehr warmes Wasser laufen und stellt die Flasche mit der Oxalsäure-Lösung hinein. Einige Male nimmt man die Flasche heraus, schüttelt sie und stellt sie wieder in das Wasser. Zwischen der Behandlung der Völker wird die Flasche immer wieder zum Aufwärmen in den Eimer gestellt.

Das Träufeln der Oxalsäure-Lösung gelingt am leichtesten mit einem sogenannten Schwanenhals. Es handelt sich dabei um einen pipettenhaften Auslauf mit Schraubverschluss. Es gibt ihn für wenig Geld im Imkerbedarfshandel. Unbedingt muss das Schraubgewinde zur Flasche passen. Die Alternative stellt eine Dosierspritze mit Schlauchverlängerung dar. Nun muss man mit ruhiger Hand die Lösung in die Wabengassen träufeln, zwischen denen die Bienen sitzen. Empfohlen sind 30-50 Milliliter, je nach Größe des Volkes. Man darf die Völker folglich nicht abduschen! Es kommt nicht auf die Menge an, sondern darauf, dass jede Wabengasse mit der Lösung erreicht wird. Die Bienenstöcke werden nach der Behandlung sofort wieder geschlossen. Die Bienen nehmen das süße Wasser willig auf, so gut wie alle naschen davon. Auf der Diagnose-Schublade des Gitterbodens wird in den nächsten Tagen der Milbenabfall stärker und ebbt dann wieder ab. Jetzt sollten so gut wie keine Milben mehr im Stock sein.

Höchste Aufmerksamkeit am Flugloch: Wächter-Bienen kontrollieren jeden Ankömmling. Wer sich im Flugloch irrt, riskiert sein Leben.

Das Bienenvolk im Winter

Bienen brauchen Winterfutter

Im August sollte das Füttern der Bienenvölker abgeschlossen werden. In aller Regel haben die Bienenstöcke jetzt eine Höhe von zwei Zargen als Raum zum Überwintern. Zur Energieversorgung für die Wintertraube dienen Kohlenhydrate. Nachdem der Imker den Honig größtenteils entnommen hat, wird dieser jetzt durch Zucker ersetzt, in einer Menge zwischen 12 und 15 Kilogramm. Den Zucker (Saccharose) arbeiten die Bienen in Invertzucker um und lagern ihn – wie Honig – seitlich und oberhalb ihrer Wintertraube ein.

Die tatsächlich benötigte Menge richtet sich nach der Größe des Volkes und der je nach Region schwankenden Dauer des Winters. Zudem werden sich die Bienen während eines sonnigen Herbstes einen Teil ihres Wintervorrates – vor allem Pollen von Spätblühern – noch selbst sammeln.

Neuimker tun gut daran, sich bei der Futtergabe mit Kollegen in der Umgebung abzustimmen. Es gilt die Faustregel, dass ein Bienenvolk nach Ende der Einfütterung schwer sein soll wie ein Stein. Um dies zu prüfen, hebt man am besten die Beute auf der Rückseite einige Zentimeter an.

Die Gabe des Winterfutters gestaltet sich bequem und in wenigen Arbeitsschritten mithilfe der Futterwanne oder mit dem Futtereimer. In beiden Fällen wird eine leere Zarge aufgesetzt. Sie dient nur als Schutzhülle während der Futtergabe. Über den Rähmchen liegt eine Folie mit rundem Loch. Die Bienen nehmen das Futter nach unten ab und lagern es ein.

Futterwanne

Hier muss der Zucker erst gelöst werden. Empfohlen ist ein Zucker-Wasser-Verhältnis von 3:2. Enthält die Mischung zu viel Wasser, verdirbt sie schneller. Die Bienen brauchen aber einige Tage zur Abnahme. Futterwannen gibt es in unterschiedlichen Größen. Angeboten werden auch Beutensysteme mit eigener Futterzarge. Sechs Liter Zuckerlösung saugt ein Bienenvolk in drei bis vier Tagen leer. Das heißt: Der Imker füllt vier- bis fünfmal voll – damit ist die Winterfütterung erledigt. Ein großer Vorteil für den Imker besteht darin, dass es während der Fütterung keinen direkten Kontakt mit den Bienen gibt, denn diese nehmen das Zuckerwasser durch das kreisrunde Loch nach unten ab. Erst nach Ende des Einfütterns werden Futterwanne und Leerzarge entfernt, die Lochfolie gegen eine dichte getauscht.

Futtereimer

Auch hier sind Lochfolie und aufgesetzte Leerzarge nötig, wie zuvor bereits beschrieben. Der Futtereimer hat 5 Liter Inhalt und wird etwa zur Hälfte mit Wasser gefüllt. Anschließend gibt man 3 Kilogramm Zucker ungelöst hinein und schließt den Falzdeckel sorgfältig. In der Mitte des Deckels befindet sich eine sehr feine Membran aus Drahtgewebe.

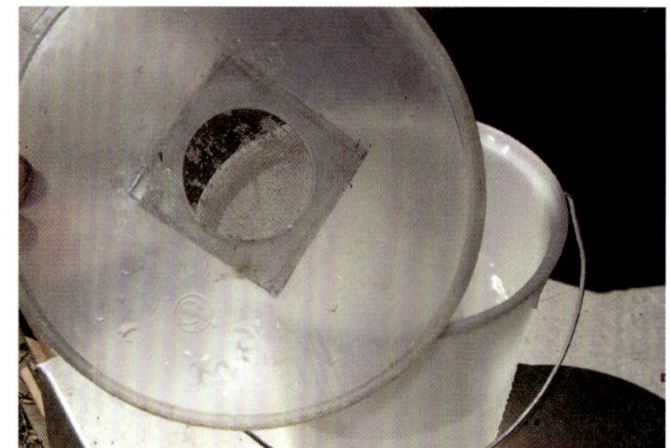

Beim Futtereimer saugen die Bienen Zuckerwasser durch ein feines Sieb nach unten heraus. Hier muss der Zucker nicht gelöst werden.

Die Futterwanne ist eine verdeckte Schale mit Zuckerwasser, die auf die obere Zarge gestellt wird. Über ein Loch kommen die Bienen hoch und nehmen das Futter hinter der durchsichtigen Glocke auf. Hier muss der Imker den Zucker vorher in Wasser auflösen.

Phacelia trägt auch den Namen „Bienenfreund": Die Pflanzen spenden enorme Mengen an Nektar. Berichtet wird von 500 Kilogramm Honig pro Hektar und Jahr. Phacelia-Pollen ist lila.

Bienenvölker sollten waagerecht stehen. Einwegpaletten reichen dafür völlig aus.

Nun wird der Futtereimer gestürzt (die Öffnung mit Drahtgewebe befindet sich jetzt unten). Dabei fällt der Zucker im Futtereimer nach unten. Das anfängliche Tropfen hört nach wenigen Sekunden auf (am besten stellt man einen leeren Eimer darunter). Den Futtereimer setzt man unverzüglich auf das kreisrunde Loch in der Folie. Die Bienen beginnen sofort, das süße Wasser durch die Membran zu saugen. Dabei lösen sie die Zuckerkristalle selbst auf.

Ein Nachteil ist, dass die Futtereimer etwa viermal getauscht werden müssen. Es ist ratsam, dafür einige Futtereimer als Reserve zu haben. Man nimmt den leeren weg – und setzt sofort einen vorbereiteten vollen auf. Am Ende wird auch bei dieser Methode die Leerzarge entfernt und die Lochfolie gegen eine durchgehende getauscht.

Ein weiterer Nachteil der Futtereimer-Methode besteht darin, dass sauberes Arbeiten sehr wichtig ist, und die Futterdeckel müssen absolut dicht sein. Sonst kann es sehr schnell zur Räuberei kommen (siehe nächster Abschnitt).

Vorsicht vor Räuberei

Räuberei ist unter Imkern gefürchtet. Es ist ratsam, während der Fütterung die Fluglöcher auf etwa 10 Zentimeter zu verengen. Ab August sind die Bienenvölker ständig auf der Suche nach süßem Futter. Die Natur hat um diese Zeit meistens nicht mehr viel zu bieten. Wespen versuchen die Bienenvölker zu berauben. In dieser Zeit kann sich der Sammeltrieb der Bienen gegen die eigenen Artgenossen richten. Es genügen wenige Tropfen verschüttetes Zuckerwasser beim Füttern – schon sind die Räuber da. Suchbienen teilen im Stock mit: „Nektar in unmittelbarer Umgebung." Eine halbe Stunde später sind tausende Bienen am Stand auf der Suche. Sie versuchen dabei auch, die Fluglochwachen anderer Völker zu überwinden. Es beginnt ein mörderischer Kampf jeder gegen jeden. Meist trifft es die schwächsten Völker zuerst: Das Killerkommando entert die Fluglochwache. Stunden später liegen tausende Bienen am Beutenboden und die Vorräte sind geraubt. Schnell wird ein Volk nach dem anderen erfasst ...

In dieser Situation ist das Füttern sofort einzustellen, man muss alle süße Nahrung wegbringen und bienendicht verschließen! Ist Zuckerwasser verschüttet worden, oder rinnt es gar aus einem Bienenvolk, muss dies sofort unterbunden werden. Am besten geschieht dies mit der Gießkanne: Man vergießt so lange Wasser, bis die Nahrung für die räuberischen Bienen nicht mehr interessant ist. Es hilft, alle Fluglöcher so weit zu verengen, dass nur noch eine Biene durchkommt.

Ein dringender Rat lautet, den Bienenstand für die nächste Stunde zu überwachen. Dann zeigt sich, ob die mörderische Raserei wieder abklingt. Geschieht das nicht, hilft nur ein rigoroses Mittel: Man schließt die Fluglöcher der am meisten betroffenen Völker und bringt diese mindestens zwei Kilometer weit weg. Dann verlieren die Räuber die Orientierung und es tritt wieder Ruhe ein.

Vorbereitung auf den Winter

Sechs Wochen dauert das Leben einer Arbeitsbiene im Sommer. Im Winter beträgt ihre Lebenserwartung sechs Monate. Im Oktober reduziert die Königin noch einmal ihre Legetätigkeit deutlich. Die meisten der frisch geschlüpften Stockbienen haben deshalb keine Brut mehr zu pflegen. Je mehr von diesen unverbrauchten Bienen im Stock vorhanden sind, desto stärker wird das Volk in das Frühjahr starten.

Die sogenannten Winterbienen drängen sich mit den ersten Nachtfrösten eng zu einer Kugel (Wintertraube) zusammen. Dann gibt es keine Nachkommen mehr. Die Winterbienen werden im Februar und März die erste neue Nahrung heimholen und die neue Brut pflegen. Sie arbeiten bis zum Ableben im April daran, dass es mit dem Bienenvolk im Frühjahr steil bergauf geht.

Nach dem Ende des Fütterns und der zweiten Behandlung gegen die Varroa-Milbe sollen sich die Bienenvölker in Ruhe auf die Winterpause vorbereiten können. Kurze Kontrollen genügen jetzt. Ob alles stimmt, ist mit einem Blick von oben zu erkennen: Sitzen die Bienen ruhig und geordnet in kreisrunder Form zwischen den Waben, ist auch eine Königin da. Gröbere Suchaktionen sind unnötig – und übrigens auch gefährlich: Wird um diese Zeit eine Königin beschädigt, ist das Volk verloren. Eine neue Königin kann jetzt nicht mehr nachgezogen werden, denn Drohnen zur Begattung gibt es ab August nicht mehr.

Wesentliche Informationen offenbaren sich ohnehin am Flugloch: Erhebliche Mengen von Pollen und Nektar haben zum Beispiel Ackersenf, Herbstblüher auf den Wiesen und Efeu, aber auch Goldrute und Springkraut. Die eingeschleppten Neophyten in unserer Flora liefern zunehmend Nahrung für heimische Bienenvölker im Herbst. Wird viel Pollen eingetragen, werden gerade viele Winterbienen produziert – ein gutes Zeichen also.

Während der Wintermonate hält ein sogenannter Mäuserechen vor dem Flugloch ungebetene Eindringlinge ab.

Die Raupe des Totenkopfschwärmers erreicht eine beeindruckende Größe.

In den letzten Jahren wird der Totenkopfschwärmer immer häufiger in Bienenstöcken gefunden, was mit der Klimaveränderung zu haben könnte. Der Totenkopfschwärmer stammt aus Afrika und wandert im Sommer zu.

Sanftmut bei Bienen ist ein Qualitätsmerkmal: Über weite Strecken im Jahr kann der Imker die Handschuhe sogar weglassen. Die Bienen bleiben gelassen – und auf der Wabe sitzen.

Links Cremehonig. Er wird so lange gerührt, bis er eine schmalzartige Struktur hat.

Werden die Nächte im Oktober kühler, ist es Zeit für den Mäuserechen vor dem Flugloch: Damit wird die Öffnung wie mit einem Kamm unterteilt. Gedacht ist diese Vorsichtsmaßnahme vor allem gegen kleine Spitzmäuse, die sich sonst im Winter die bewegungsunfähigen Bienen rauben. Häufig überleben Bienenvölker wegen der ständigen Unruhe nicht. Folgenlos bleiben dagegen Besuche des Totenkopfschwärmers, der im Herbst Honigzellen anzapft. Er wandert im Sommer aus Afrika zu, überlebt aber den Winter nicht.

Winterliche Fluglochkontrolle

In der Frostperiode zwischen Dezember und Januar setzen die Bienen mit dem Brüten aus, in milden Wintern pflegen sie ein kleines Brutnest weiter. Wichtig ist eine gelegentliche Kontrolle, ob das Flugloch nicht durch Schnee oder Eis verschlossen ist.

Der sogenannte Reinigungsflug findet an besonders warmen, sonnigen Tagen während der Mittagszeit statt: Die Bienen fliegen nur eine kurze Runde und entleeren ihren Darm. Zu sehen ist dies im Schnee an vielen kleinen gelben Flecken. Können Bienen über längere Zeit keinen Reinigungsflug unternehmen, verlieren sie den Kot im Stock. Damit steigt die Gefahr der Verbreitung von Darmkrankheiten wie Nosema oder Bienenruhr.

Ansonsten gilt weiter: Bitte nicht stören! Wer trotzdem wissen will, ob das Volk am Leben ist, kann dies mit einem Stück Gartenschlauch vorsichtig überprüfen. Man hält das eine Ende an das Flugloch, das andere ans Ohr. Klopft man einmal sacht und es ist ein kurzes Rauschen zu hören, dann ist alles in Ordnung.

Kohlmeisen fressen in dieser Zeit zuverlässig die toten Bienen vor dem Flugloch weg. Gefährlich werden können spezialisierte Spechte. Sie sehen in den Bienenstöcken einen hohlen Baum mit interessantem Inhalt und hämmern ein Loch hinein. Die Störung endet für Bienenvölker meistens tödlich. Schlimm wird es, wenn ein Specht zielstrebig sein Glück an allen Beuten eines Bienenstandes versucht. Das Einpacken der Bienenstöcke mit Hasendraht ist aufwändig, bedeutet oft aber die einzig mögliche Abhilfe.

Fluglochkontrolle im Winter

Eine gelegentliche Kontrolle im Winter ist anzuraten. Lockerer Schnee vor den Fluglöchern schadet nicht. Eine dicke Eiskruste kann jedoch gefährlich werden, wenn Bienen den Reinigungsflug nicht unternehmen können. In diesem Fall wird das Eis behutsam, und ohne Erschütterungen hervorzurufen, entfernt.

Vom Umgang mit Wachs

Mittelwände sind nicht billig. Der Anfänger braucht zu Beginn eine Menge davon: Leicht baut ein Bienenvolk in einer Saison zehn Mittelwände aus. Zu berücksichtigen ist, dass ein Bienenschwarm in zwei bis drei Wochen eine komplette Zarge mit zehn Rähmchen ausbaut. Es gilt die grobe Schätzung, dass zur Sicherheit ein Paket Mittelwände pro Volk gebraucht wird. Der Inhalt umfasst 20 Mittelwände, das Gewicht liegt bei 2 Kilogramm. Ausgehend von den Wachsplatten mit der Grundstruktur des Wabenbodens (Mittelwände) haben die Bienen die Zellwände beidseits ausgebaut. Mehrfach schlüpfen Bienen und die Waben werden dabei immer dunkler. Sobald die Wabe die Farbe dunklen Kaffees angenommen hat, wird sie entnommen und zu einem Block eingeschmolzen. Aus diesem Wachs können wiederum Mittelwände hergestellt werden, auf denen die Bienen beidseits ihre Zellwände ansetzen. Damit ist der Wachskreislauf geschlossen.

Wachs: Am besten im Kreislauf

Den billigsten Weg bietet ein Sonnen-Wachsschmelzer, mit dem man schon im Sommer fortlaufend aussortierte Waben einschmelzen kann. Der Schmelzer funktioniert wie eine thermische Solarzelle: Die Sonnenhitze verflüssigt das Wachs, das über eine schiefe Ebene in eine Sammelrinne fließt. Am Abend kann das Wachs in Form eines Barrens entnommen werden. Übrig bleiben die Nymphenhäutchen in den Zellen, in denen sich die Bienen verpuppt haben. Diese können kompostiert werden. Beim Kauf neuer Mittelwände wird das gewonnene Altwachs verrechnet.

Die bessere Lösung bietet ein vollständiger Kreislauf, sprich man gewinnt Mittelwände aus eigenem Wachs: Der Imker bringt dieses zur Umarbeitung und stellt damit sicher, dass er sein eigenes Wachs ohne Schadstoffbelastung in Form von Mittelwänden zurückbekommt. Die Voraussetzung dafür ist aber, dass er eine Mindestmenge (etwa 20 Kilogramm) eigenes Altwachs anliefert.

Wer mit der Imkerei anfängt, erreicht diese erforderliche Menge lange nicht. Es bietet sich jedoch die Zusammenarbeit im Verein oder unter Kollegen an. So kommen schneller 20 Kilogramm Altwachs zusammen. Die Mittelwände werden dann geteilt. Jedoch müssen als Grundvoraussetzung alle das gleiche Wabenformat haben (z. B. Zander- oder Normalmaß).

Die Herstellung von Wachsplatten mit der eigenen Mittelwandpresse rechnet sich erst ab etwa 20 Völkern. Die Kosten für so eine Presse belaufen sich auf etwa 500 Euro. Wer damit liebäugelt, sollte sich die Arbeit erst einmal bei einem anderen Imker ansehen. Auch hier bietet sich die Zusammenarbeit unter Kollegen an.

Viele Imker scheuen sich jedoch davor, weil sie eine Übertragung von Bienenkrankheiten – zum Beispiel der Faulbrut – über das Wachs befürchten.

Ein Sonnen-Wachsschmelzer funktioniert wie eine thermische Solarzelle: Das Wachs rinnt aus alten Waben in eine Sammelrinne. Die Kokons der Zellen bleiben übrig. So kann Wachs aus eigenen Waben wiedergewonnen werden.

Die Mittelwände stammen aus eigenem Wachs aus dem Sonnen-Wachsschmelzer. Mit diesem Kreislauf kann der Imker Schadstoffe im Wabenbau minimieren.

Um an den Nektar zu kommen, leisten Bienen mitunter Schwerstarbeit. Hier zwängt sich eine Arbeiterin gerade in eine Lavendelblüte.

Ohne Gegenmaßnahmen zerfressen Wachsmotten ausgebaute Waben im Depot innerhalb weniger Wochen.

Glimmender Schwefel hilft gegen Wachsmotten: Die Streifen werden senkrecht in Dosen eingehängt und oben entzündet. Aber Vorsicht: Es besteht Feuergefahr! Wer nur wenige Waben hat, kann diese auch für 24 Stunden in die Gefriertruhe geben.

Ständige Gefahr durch Wachsmotten

Wachsmotten sind in jedem Bienenvolk zu Hause. Sie nehmen jedoch nicht überhand. Wird aber nach dem Honigschleudern eine Wabe nicht mehr in das Bienenvolk zurückgegeben, ist sie akut in Gefahr. Über weite Strecken erkennt die Wachsmotte den Geruch und legt Eier darauf ab, oder es befinden sich bereits Wachsmotteneier auf der Wabe, die dann schlüpfen. Wer Waben zur Reserve aufbewahrt, muss etwas gegen Wachsmotten unternehmen.

Bei wenigen Völkern hilft die Gefriertruhe: Man stellt eine Zarge mit den ausgeschleuderten Rähmchen für 24 Stunden hinein. Eier und Maden der Wachsmotte überleben das nicht. Ein sicheres Mittel sind Schwefelstreifen. Sie werden in einer Leerzarge in einer Blechdose oben auf einen wabengefüllten Zargenturm (bis zu sechs Kisten) aufgesetzt. Die Streifen zündet man oben (!) an, damit sie möglichst lange mit kleiner Flamme abbrennen. Es besteht Brandgefahr, daher Blechdeckel auf den Zargenturm geben und für Abstand der Blechdose nach unten zu den Rähmchen sorgen. Es darf kein brennender Schwefel auf die Waben tropfen.

Im Imkerbedarfshandel werden alternative Mittel gegen Wachsmotten angeboten, bei denen beispielsweise die einzelnen Waben mit *Bacillus thuringiensis* angesprüht werden.

Mittelwände mit Zimmertemperatur

Winter ist die Zeit, in der neue Rähmchen gebaut, mit Drähten und Mittelwänden versehen werden. Imker sprechen vom Einlöten der Mittelwände. Dazu gibt es eigene Einlöt-Trafos im Imkerbedarfshandel. Brauchbar ist aber auch das Ladegerät für die Autobatterie.

Zunächst legt man das Rähmchen mit leichtem Gefälle zum Unterträger hin auf. Dann legt man die Mittelwand darauf und platziert sie bündig unten. Die beiden Pole des Trafos hält man an Anfang und Ende des Drahtes. Der durchfließende Strom erhitzt den Draht und lässt die Wachsplatte einsinken. Sobald der Draht in der Mittelwand hervortritt, wird sofort unterbrochen.

Bei dem fertigen Rähmchen mit Mittelwand ist jetzt ein Streifen frei unterhalb des Oberträgers. Diesen bauen die Bienen bereitwillig zu, weil sie immer oben mit der Wachsproduktion beginnen. *Tipp: Die Wachsplatten sind immer bei Zimmertemperatur zu verarbeiten. Sie brechen dann bei der Verarbeitung nicht so schnell. Wird die Mittelwand kalt verarbeitet, dehnt sie sich später im Bienenvolk aus. Die Wabengassen beschreiben dann eine Wellenform, die die Arbeit des Imkers und das Honigschleudern erschwert.*

Klotzbeute als Blickfang

Ein Stück vom hohlen Baum war früher die Behausung eines Bienenvolkes, man spricht von Klotzbeute. Hier fliegen die Bienen durch die Öffnung ein und aus. Wer hier einen Schwarm einschlägt, hat auf seinem Grundstück eine Attraktion für Besucher. Zwei Nachteile müssen erwähnt werden: Das Bienenvolk kann nicht erweitert werden, und es wird in absehbarer Zeit wieder schwärmen. Nicht vergessen werden darf außerdem die wirksame Behandlung gegen die Varroa-Milbe, die hier nicht ganz einfach ist.

Guter Honig schlägt beim Abrinnen Falten oder beschreibt Kreise. Dunkel und kühl gelagert ist er mindestens drei Jahre haltbar.

Mein selbstgebautes Imkerzubehör

Anleitungen

In diesem Teil des Buches werden Bauanleitungen zum wichtigsten Imkerzubehör dargestellt. Mit einfachen Schritt-für-Schritt-Anleitungen, anschaulichen Bildern und hilfreichen Tipps und Tricks ist es ein Leichtes, Rähmchen, Beuten & Co. selbst nachzubauen. Auch Anleitungen zum Drahten und Reinigen von Rähmchen finden Sie in diesem Kapitel.

Ablegerkasten für vier Waben

Ab Mai werden Ableger gebildet. Darunter sind kleine Bienenvölker zu verstehen, die sich selbst eine Königin heranziehen. Der Imker versieht sie mit Schwarmzellen oder es wird ihnen eine gekaufte Weisel (Stockmutter) zugesetzt. Dazu werden Ablegerkästen verwendet, die einige Waben fassen, in denen sich das Bienenvölkchen zunächst entwickelt. Im Sommer werden die Ableger dann in reguläre Zargen umgesetzt und gefüttert; sie wachsen dann auf die Größe eines regulären Volkes heran. Der nachfolgend beschriebene Vier-Waben-Ableger hat also keine Isolierung. Die Bienen wohnen hier nur in der warmen Jahreszeit. Die Ablegerkästen stehen im Winter leer im Depot.

Vier Waben haben Platz in diesem Ablegerkasten. Die Bauweise lehnt sich an die Einfachbeute an: Boden und Deckel sind gleich, Vorder- und Rückseite sind eingezogen.

Der Vier-Waben-Kasten besitzt eine massive Griffleiste, die Stirn- und die Rückseite springen um 20 Millimeter zurück. Alle Teile bestehen aus Fichtenholzbrettern, heruntergehobelt auf eine Dicke von 20 Millimetern. Im Gegensatz zur Einfachbeute hat der Vier-Waben-Ableger jedoch keinen losen, sondern einen angeschraubten Boden.

Teileliste für Ablegerkasten (Rähmchenmaß Zander)	
2 Seitenwände	520 × 240 × 20 mm
je 1 Vorder- und Rückseite	225 × 145 × 20 mm
2 Griffleisten	145 × 50 × 20 mm
je 1 Deckel und Boden	520 × 185 × 20 mm
1 Hartfaserplatte	100 × 100 × 3 mm
2 Leisten Hartholz	140 × 15 × 3 mm
1 Fluglochrosette	
1 Stück Varroa- oder Fliegengitter	100 × 100 mm
2 Federklemmen oder Vorreiber	
Benötigt werden außerdem Holzschrauben (Länge 40 und 50 mm).	

Die Montage

Zuerst die beiden Seitenwände parallel aufstellen, den Boden darüberlegen und bündig verschrauben (drei Holzschrauben, 50 mm lang, auf jeder Seite). Vorher die Löcher vorbohren und die Schraubenköpfe versenken.

Im nächsten Schritt werden Vorder- und Rückseite bearbeitet. Die Vorderseite erhält in der Mitte unten eine Bohrung mit einem Durchmesser von 15 bis 20 Millimetern.

Mit der Bohrung für das Flugloch etwas Abstand vom unteren Rand lassen, damit sich die Fluglochrosette später besser dreht.

Hier befindet sich später das verschließbare Flugloch.

Auf der Rückseite mit dem Topfbohrer ein kreisrundes Loch bohren (im unteren Drittel, Durchmesser etwa 65 bis 70 mm). Auf das Loch von innen das Stück Varroa- oder Fliegengitter auftackern.

Über das Loch auf der Hinterseite bekommen die Bienen beim Transport ausreichend Luft. Es sollte etwa 70 mm groß sein. Es wird mit einem Stück Varroa-Gitter verschlossen.

Dieses Loch dient der Belüftung beim Transport des Ablegers. Auf den kreisrunden Bohrkern das Stück Hartfaserplatte leimen. Das ergibt den Verschluss des Lüftungsgitters.

Jetzt die beiden Griffleisten anschrauben (je zwei Holzschrauben, 40 mm lang).

Die Griffleisten sind oben und außen bündig. Der Kasten hat nun Stabilität.

Dafür die bereits montierten Seitenteile mit dem Boden nach unten aufstellen. Die beiden Griffleisten schließen bündig ab, oben mit den Längs- und den Schmalseiten. Mit Schraubzwinge sichern und anschrauben.

Die Stirn- und Rückseiten nun zwischen den Seitenteilen nach unten auf den Boden schieben und von innen an die Griffleisten stellen.

Stirn- und Rückseiten springen 20 mm zurück. Das Ganze mit dem Gummihammer ausrichten und mit einer Schraubzwinge fixieren. Jetzt noch einmal Stirn- und Rückseiten endgültig ausrichten und von der Seite her jeweils mit vier Holzschrauben fixieren (jeweils eine in die Griffleiste, drei in die Schmalseiten).

Der Deckel liegt flach auf der Ablegerkiste. Er wird innen lediglich von den beiden Hartholzleisten gehalten (siehe Foto Seite 78). An den beiden Schmalseiten springen diese jeweils etwa 20 Millimeter zurück. Damit kann der Deckel nicht verrutschen. Während des Transportes ist der Ablegerkasten mit einem Zurrband zu sichern. Die Breite des Ablegerkastens ist so gewählt, dass jeweils zwei Vier-Waben-Ablegerkästen unter eine Blechhaube der Einfachbeute passen.

Wer seine Rähmchen und Ablegerkästen selbst baut, hat viel geringere Kosten – bei 40 Völkern der Imkerei Hofmann bedeutet das eine Ersparnis von mehreren tausend Euro.

Bis auf einige Kleinigkeiten ist der Ablegerkasten jetzt fertig: mit dem Hartfaserdeckel das runde Lüftungsloch verschließen und mit Federklemmen oder Vorreibern sichern.

Für das Flugloch gibt es runde Fluglochrosetten aus Edelstahl. Sie werden mit einer Schraube in der Mitte befestigt und sind drehbar. So lässt sich das Flugloch mit einem Handgriff verschließen.

Das ist notwendig, weil der frisch gebildete Ableger außerhalb des Flugkreises gebracht wird. Auf diese Weise bleiben dem neuen Völkchen die aus dem Muttervolk umgehängten Flugbienen erhalten.

Während der Saison reifen in meinem Betrieb in einem Vier-Waben-Ableger-Kasten zweimal Bienenvölkchen heran. Mitunter findet vorübergehend auch ein kleiner Bienenschwarm darin Platz.

Damit alle Rähmchen genau gleich werden, bedarf es einer Bauhilfe. Mit der vorgestellten werden alle Teile zuerst zusammengestellt – und dann festgenagelt.

Bauhilfe für Rähmchen

Rähmchen sind in der Imkerei ein Massenartikel. Im Schnitt werden pro Volk mindestens 30 Stück gebraucht. Damit stellt ihr Kauf durchaus einen Kostenfaktor dar und Selbstbau spart Geld. Außerdem gehört der regelmäßige Austausch dunkler, unansehnlicher Rähmchen zur Hygiene und Gesundheitsvorsorge im Bienenstock. Sinnvoll ist ein Vorrat an Rähmchen, um im Sommer Schwärmen auf Mittelwänden eine neue Heimat geben zu können.

Mit der vorgestellten Bauhilfe gelingt der Bau von Rähmchen zeitsparend. Die Konstruktion stammt aus der früheren DDR. Dort war Imkerei auf Selbsthilfe angewiesen; der Mangel beflügelte den Erfindergeist. Mit der Rähmchen-Bauhilfe werden alle Rähmchen exakt gleich groß. Die Vorrichtung ruht auf einem massiven Kantholz. Darauf steht senkrecht eine Platte. Auf ihr werden die Rähmchenteile stehend zusammengestellt und vernagelt. Gearbeitet wird mit einer Materialstärke der Rähmchen von 10 mm. In meiner Imkerei arbeite ich mit Druckluft und 30-Millimeter-Klammern.

Teileliste für eine Bauhilfe Zanderrähmchen (bei anderen Formaten seitliche Kanthölzer entsprechend anpassen)	
1 Kantholz (Hartholz empfohlen)	510 mm × 100 mm × 35 mm
1 Möbel- oder Schichtholzplatte	510 mm × 230 mm × 25 mm
2 Kanthölzer	210 mm × 40 mm × 30 mm
2 Blechstreifen, verzinkt	60 mm × 40 mm × 1 mm
Benötigt werden außerdem Holzschrauben (Länge 50 und 60 mm) und Stummelschrauben (Länge 10 mm).	

Montage

Das massive Kantholz ist die Basis der Konstruktion: Längs jeweils in der Mitte dreimal von unten vorbohren. Die Löcher mit einem Senker großzügig ausarbeiten. Die Schraubenköpfe dürfen später nicht hervorstehen.

Nun die Möbelplatte mittig und stehend mit dem Kantholz verschrauben (Holzschrauben 60 mm).

Die Konstruktion ruht auf einem massiven Kantholz. Die Schraubenköpfe ausreichend versenken. Sie dürfen später nicht überstehen.

Jetzt die beiden seitlichen Kanthölzer jeweils zweimal vorbohren. An beiden Kanthölzern an einer Seite ein Geviert von 30 × 10 Millimetern heraussägen (das geschieht mit einer Band- oder Japansäge).

An den beiden Seitenteilen Holzecken herausnehmen, in der Abmessung der Rähmchen-Ohren.

Diese Aussparung entspricht der Abmessung der Rähmchen-Ohren (in diesem Fall „lange Ohren", bei „kurzen Ohren" entsprechend weniger, bitte individuell anpassen).

Ein fertiges Rähmchen ist nötig für den Zusammenbau: Das Rähmchen gestürzt und mittig an die Möbelplatte stellen, vorher Abstandshalter abnehmen. Als Nächstes die beiden vorher bearbeiteten Kanthölzer auf die beiden Rähmchen-Ohren stellen.

Ein Rähmchen stürzen und die Kanthölzer jeweils von außen heranschieben, nicht anpressen, auch nicht nach unten.

Die Aussparungen befinden sich oben und innen. Die Kanthölzer liegen passgenau außen an den Seitenteilen des Rähmchens an. Sowohl unten als auch an den Seiten sollte sich das Rähmchen bequem bewegen lassen, man darf es folglich bei der Montage nicht anpressen.

Nun die seitlichen Kanthölzer mit vier Holzschrauben 50 Millimeter auf der Möbelplatte befestigen.

Blechschere, Kombi-, Flach- oder Rundzange: Mit diesem Werkzeug lässt sich das Stück Blech zur Klemmvorrichtung biegen.

Die beiden Blechstreifen werden jetzt zu einer Klemmvorrichtung gebogen:

20 Millimeter bleiben flach und erhalten jeweils zwei Bohrlöcher. Danach den Blechstreifen

Blechstreifen jeweils von innen an die Rähmchen-Seitenteile legen – und mit Stummelschrauben fixieren.

90 Grad aufkanten und den Rest zu einer Lasche einrollen, wie im Bild gezeigt.

Zum Schluss die Klemmvorrichtung anschrauben: Das Musterrähmchen mit den Ohren nach oben in die Bauhilfe stellen. Die Blechstreifen jeweils von innen an die Rähmchen-Seitenteile legen – und mit Stummelschrauben fixieren. Fertig.

Eine Alternative zu den Blechstreifen ist ein Werkzeughalter aus dem Gartenbedarf: Es gibt diese in U-Form. Zwischen zwei Gummirollen werden dabei die Stiele von Gartengeräten eingeklemmt. Einen solchen Werkzeughalter in der Mitte auseinanderschneiden und mit jeweils zwei Bohrungen versehen, anschrauben wie die Blechlasche oben. Eine weitere Möglichkeit ist eine Klemmleiste mit Mittelbohrung: Hier werden durch eine Drehbewegung die beiden Seitenteile festgehalten.

Eine Klemmleiste ist eine Alternative zur den Blechen. Hier werden die Seitenteile der Rähmchen durch Drehbewegung fixiert.

Bei Verwendung einer Nagelform werden alle Rähmchen gleich groß. Es können dafür saubere Abfallbretter verwendet werden. Im Bild sind mehrfach verwendbare „Erlanger Abstandshalter" zu sehen.

Rähmchen-Montage

Ein wenig Routine vorausgesetzt, dauert das Zusammennageln eines Rähmchens keine Minute:

Erst den Oberträger des Rähmchens unten in die Bauhilfe schieben. Dann die beiden Seitenteile senkrecht einklemmen. Sie müssen unten auf dem Oberträger aufstehen. Jetzt die Unterseite des Rähmchens oben auflegen, dann festnageln.

Nun das Rähmchen herausnehmen, umdrehen und wieder festklemmen. Den Oberträger oben auflegen und ebenfalls festnageln. Damit ist das Rähmchen fertig.

In meinem Betrieb bestehen die **Rähmchen meistens aus Restholz und Fichte.** Gut geeignet und billig sind Randbretter mit liegenden Jahresringen, möglichst astfrei. Längs aufgeschnitten in einer Stärke von 10 Millimetern ergibt sich daraus Rähmchenholz mit stehenden Jahresringen. Dieses hat eine gute Festigkeit.

Das Material wird sägerau verarbeitet. Die fertigen Rähmchen nicht versäubern, das erledigen die Bienen selbst.

Noch ein **Hinweis zu Abstandshaltern** an den Rähmchen: Wer mit den bienengefüllten Magazinen nicht wandert, braucht keine: Einfach die Rähmchen so in der Zarge verteilen, dass alle Wabengassen gleich breit sind.

Ich arbeite mit „Erlanger Abstandshaltern". Sie stören nicht beim Herausziehen der Rähmchen. Außerdem lassen sich die Rähmchen zu einem festen Block zusammenschieben. Das schont Bienen und Waben beim Transport.

Sonnenblumen zählen zu den Korbblütlern: Auf engstem Raum stehen hunderte Einzelblüten. Bienen finden das ausgesprochen attraktiv.

Beutenkarre – ganz einfach

Drei Zargen haben Platz auf dieser Schubkarre. Es braucht dazu nur einige Stücke Dachlatten und Holzschrauben.

Die Idee stammt aus einem Gartenbaubetrieb, der auf diese Weise seine Staudenkisten fährt.

Zwei Dachlatten stabilisieren das Gestell in der Mulde, zwei sichern die Zargen gegen das Verrutschen in Fahrtrichtung.

Zunächst zwei lange Stücke Dachlatten längs über die Mulde legen und drei Zargen nebeneinander daraufstellen. Vor und hinter die Zargen jeweils ein Stück Dachlatte aufschrauben. Damit können sich die Kisten nicht mehr in Längsrichtung verschieben. Durch die Rutschleisten der Einfachbeute sind die Zargen auch gegen das seitliche Verrutschen gesichert.

Durch die Rutschleisten der Einfachbeute rasten die Zargen zwischen den Längs-Dachlatten ein. Bei anderen Beutentypen bedarf es längs einer seitlichen Sicherung.

Jetzt die Zargen wieder herunternehmen und zwei Querleisten unter den Rahmen schrauben. Diese wirken als Querstreben und sichern den ganzen Rahmen in der Mulde. Damit ist die Vorrichtung für den Beutentransport schon fertig.

Drei volle Zander-Beuten lassen sich auf diese Weise problemlos transportieren. Die Hauptlast liegt auf dem Schubkarrenrad, aber Vorsicht beim Abladen: Man muss auf die Reihenfolge achten, damit die Fuhre nicht kopflastig wird.

Die eigene Stockkarte

Das Führen einer Stockkarte für jedes Bienenvolk bedeutet etwas Mühe. Es erspart über das Jahr aber eine Menge Arbeit. Auf der Stockkarte wird der Tag des letzten Eingriffes vermerkt und was an diesem Tag geschehen ist: Zahl der gegebenen Mittelwände, Angaben zum Bautrieb oder zur Menge des Honigs. Wie war die Futterversorgung oder die Form des Brutnestes? Mit der Stockkarte wird die Durchsicht nicht zum Blindflug: Erst schaut man kurz die Stockkarte an und erledigt dann gezielt und zügig notwendige Arbeiten. Das ist sowohl für den Imker als auch für die Bienen am angenehmsten.

Die vorgestellte Stockkarte ist ein inhaltlicher Vorschlag, den jeder Imker individuell abändern kann. Diese Stockkarte wurde für den eigenen Betrieb entwickelt und ist seit über zehn Jahren im Einsatz. Geschützt durch eine Klarsichthülle liegt der Zettel unter der Blechhaube auf dem Isolierdeckel eines jeden Bienenvolkes.

Folgendermaßen entsteht die eigene Stockkarte am Computer mit dem Programm MS Office Word 2007 (ähnlich für alle neueren Versionen des Programms):

Zunächst das Startfenster für Office Word öffnen, neue Datei aufmachen und auf der Leiste oben links „Einfügen" und „Tabelle" anklicken.

Auf dem Tabellenraster fünf Spalten und drei Zeilen auswählen. Die erschienene Tabelle blau markieren. Auf dem oberen Auswahl-Menü steht halbrechts „Rahmen", hier den Pfeil anklicken und danach „Rahmenlinien außen". Damit ist die äußere Linie der Tabelle verschwunden.

In die erste Zeile der Tabelle die Zahlen 1–5 schreiben und in die dritte Zeile die Zahlen 6–9 und die 0 schreiben.

Die Fächer der mittleren Tabellenzeile werden jetzt farbig markiert, und zwar von links: weiß, gelb, rot, grün und blau.

Unter „Start" gibt es auf der Auswahlliste etwa in der Mitte eine Farbskala: Erst das Feld der Tabelle markieren, dann die gewünschte Farbe anklicken. Für Weiß gibt es das Kästchen „keine Farbe".

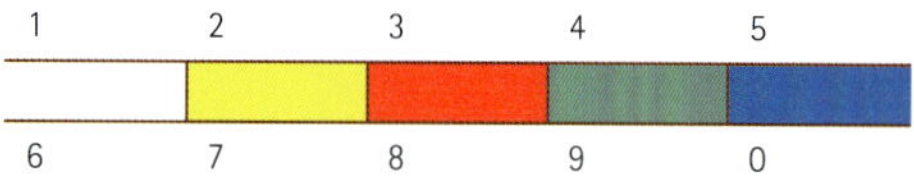

Die Farben der Tabelle markieren das Geburtsjahr der jeweiligen Königin: 2017 gelb, 2018 rot, 2019 grün, 2020 blau, 2021 weiß, usw. Der Imker kreuzt hier einfach das richtige Farbfeld an.

Um die Stockkarte dem jeweiligen Volk zuzuordnen, ist die Nummer des Volkes vermerkt oder aber seine Herkunft (Ableger von ..., Schwarm aus Volk ... usw.)

Welche Notizen die Tabelle jeweils enthalten soll, muss jeder selbst entscheiden, doch sollten einige wichtige Informationen zu finden sein:
An welchem Tag ist das Volk zuletzt durchgesehen worden?
Wie stark ist das Volk (Zahlen 1–3)?
Ist eine funktionierende Königin da (Kästchen für + oder –)?
Ist das Volk in Schwarmstimmung (Kästchen für + oder –)?
Wie ist die Futterversorgung (Zahlen 1–3)?

Zum Schluss sollte man ein möglichst langes Tabellenkästchen vorsehen. Hier werden alle anderen wichtigen Informationen aufgezählt, etwa die Zahl der gegebenen Mittelwände, Honigraum auf- oder abgesetzt, Drohnenwaben gegeben oder entnommen usw.

Eine Legende wie rechts oben in der Musterstockkarte mit der Erklärung der Abkürzungen ist entbehrlich, solange der Imker seine eigenen Kürzel bei der nächsten Revision wieder entziffern kann.

Wer die Legende dennoch auf der Stockkarte haben möchte: Unter „Einfügen" findet sich „Textfeld". Dieses auf der gewünschten Stelle der Stockkarte platzieren und die Abkürzungen dort auflisten.

Stockkarte

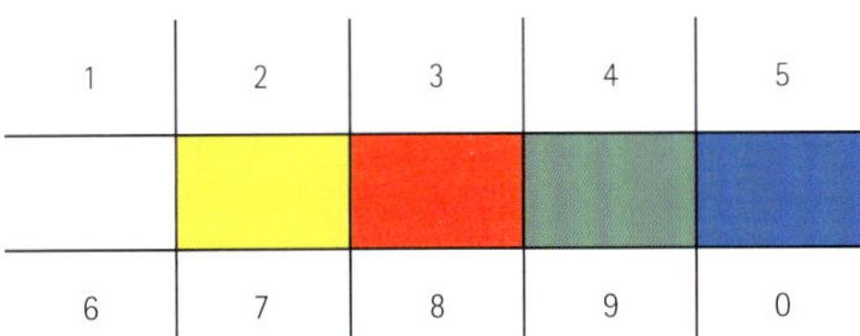

AW ausgebaute Wabe
FW Futterwabe
DW Drohnenwabe
HW Honigwabe
MW Mittelwand
WZ(n) Weiselzelle(n)
WZN Weiselzellen Nachschaffung
WZo Weiselzellen offen
WZv Weiselzellen verdeckelt
BR Brutraum
HR Honigraum

E Einheit
↑ aufgesetzt hochgehängt
↓ abgesetzt heruntergehängt
ASG Absperrgitter
PPG Propolis-Gitter

Volk Nr.:

Datum	Volksstärke	Weisel	Schwarmstimmung	Junge Brut	Futter	Sonstiges

Die Einfachbeute (Deckel, Zarge, Diagnoseboden) ist ein auf das Wesentliche reduziertes Magazin: Alle Teile sind stumpf verschraubt. Die Teile haben volles Zentimetermaß. Bis auf die Zarge gibt es keine verleimten Werkstücke.

Einfachbeute

Wer mit der Imkerei beginnt, braucht Bienenkästen. Für Anfänger bedeutet der Kauf der Magazinbeuten einen wesentlichen Kostenfaktor. Eigenbau spart Geld. Die Einfachbeute eignet sich in besonderer Weise dafür. Sie ist reduziert auf das Notwendige und erfüllt dennoch alle Anforderungen heutiger Betriebsweise: Sie enthält einen Boden mit Diagnosegitter und Einschub, stapelbare Zargen und einen isolierten Deckel mit Wetterschutz.

Entwickelt wurde die Einfachbeute bereits in den 1970er Jahren in der Landesanstalt für Bienenkunde in Stuttgart-Hohenheim. Die Konstruktion erfuhr danach eine Art Eigendynamik, belebt von praxisnahen Imker-Erfahrungen. Auch ich habe für meine eigene Imkerei die Hohenheimer Einfachbeute leicht modifiziert, in den Maßen aber nicht verändert. Beschrieben wird eine Bienenwohnung im Zanderformat. Wer die Bienenbeute im Einheitsmaß (Deutsch Normal) nachbauen will, kürzt alle Längenmaße um 50 Millimeter.

Damit der Nachbau ohne größere Kenntnisse der Holzbearbeitung gelingt, folgt meine Bauanleitung diesen Grundsätzen: Bis auf die Flächen der Zarge gibt es keine verleimten Teile. Fast alle Einzelteile haben volle Zentimetermaße. Alle Teile werden mit Holzschrauben (Kreuzschlitz oder Torx, 40 bis 80 mm lang) stumpf verschraubt.

Mit einer Art Schublade hat der Imker immer die Kontrolle, was im Bienenvolk vorgeht. Alle Abfälle fallen durch das Diagnosegitter auf den Boden.

Als Baumaterial dienen Fichtenbretter, nicht zu schnell gewachsen und trocken. Für die Außenwände der Zarge werden diese auf eine Breite von 50 Millimeter aufgeschnitten, gestürzt und wasserfest verleimt. Gut geeignet sind auch Dachlatten. Die fertige Materialstärke für das Holz beträgt - sofern nicht anders vermerkt - 20 Millimeter.

Einfache Montagehilfe

Für die Montage ist eine einfache Vorrichtung hilfreich.

Dazu auf einer Möbel- oder Spanplatte (560 mm × 480 mm) zwei Stück Dachlatten (435 mm lang) exakt parallel montieren. Am besten ist es, die Dachlatten darauf fest zu verschrauben, zum Beispiel mit durchgehenden Schloss-Schrauben. Wer ganz sichergehen will, kann diese beiden Dachlatten auch noch quer versteifen. Die Außenkanten müssen einen Abstand von 380 Millimetern voneinander haben. Die Längsseite ist 5 Millimeter kürzer als die spätere Beuteninnenseite. Die fertig montierte Zarge lässt sich damit leichter von der Montagehilfe ablösen.

Die Montagehilfe wird für alle drei Teile der Beute benötigt. Zarge, Boden und Deckel werden jeweils um die Dachlatten herum zusammengestellt, mit Schraubzwingen fixiert und mit Holzschrauben verbunden. Empfohlen wird, die Löcher vorzubohren und die Schraubenköpfe zu versenken. Für jene, die mit Druckluft arbeiten, gilt: Nägel oder Klammern gehen natürlich auch. Diese sollten allerdings „geharzt" sein (gelbliche Farbe). Das Harz wirkt nach dem Einschießen wie ein Kleber.

Diese Montagehilfe ist Grundlage für jeden künftigen Beuten-Neubau.

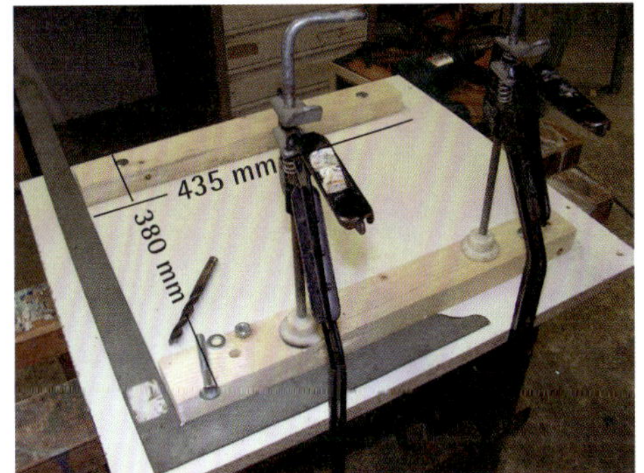

Eine Möbel- oder Spanplatte und einige Stücke Dachlatten werden gebraucht für eine Montagehilfe. Mit dieser können die Teile außen zusammengestellt, mit Schraubzwingen gehalten und verschraubt werden.

Teileliste für die Zarge	
2 Längsseiten	520 × 230 mm
2 Stirnseiten	380 × 210 mm
2 Griffleisten	380 × 60 mm
2 Setzleisten (Hartholz)	380 × 30 mm
2 Rutschleisten	375 x 30 mm
Alle Holzteile haben eine Stärke von 20 mm. Benötigt werden außerdem Holzschrauben (Länge 40 und 60 mm) und Nägel.	

Zarge

Zusammenbau der Zarge

An das untere Ende der Stirnseiten zuerst die Setzleisten schrauben.

Zunächst an den beiden Stirnseiten die Setzleisten vormontieren (jeweils drei Holzschrauben, max. 40 mm lang).

Die Setzleisten müssen unten bündig mit den Seitenteilen abschließen.

Dann beide Seitenteile und die vormontierten Stirnseiten außen an die Montagehilfe stellen. Die Setzleisten müssen unten bündig mit den Seitenteilen abschließen.

Schraubzwinge und Gummihammer helfen bei der Ausrichtung der Zarge. Die Teile müssen plan aufliegen.

→ weiter geht's auf Seite 94

Beim Herausnehmen der Wabe reagieren die Bienen mit einem Notreflex: Sie tauchen den Rüssel in die Honigwabe und saugen sich voll. Die gelb markierte Königin stammt aus dem Jahr 2017. Die Königinnenfarbe gilt weltweit.

Dazu eine Schraubzwinge an den Seitenteilen ansetzen, fixieren und mit einem Gummihammer genau ausrichten. Bitte darauf achten, dass alle Teile plan auf der Montagehilfe aufliegen.

Jeweils eine Holzschraube (60 mm lang) in das Stirnholz der Setzleiste drehen.

Nun in die vier unteren Ecken der Seitenteile Löcher vorbohren und jeweils eine Holzschraube (60 mm lang) in das Stirnholz der Setzleiste drehen.

Die Griffleisten am oberen Rand ausrichten, jeweils mit drei Schrauben fixieren.

Als nächsten Schritt die Griffleisten mit den Stirnseiten verbinden. Jeweils drei Holzschrauben (40 mm lang) in vorgebohrte Löcher geben. Die Griffleisten schließen oben ab mit den Seitenteilen.

Mit jeweils fünf Schrauben pro Ecke erhält die Zarge ihre Stabilität.

Jeweils fünf Holzschrauben (60 mm lang) von der Seite (zwei in die Griffleiste, drei in die Stirnseite) geben der Zarge ihre endgültige Festigkeit.

Die Rutschleisten aus Hartholz verhindern ein seitliches Verrutschen der Zargen beim Stapeln.

Jetzt fehlen nur noch die Rutschleisten (Hartholz empfohlen). Dazu die Zarge umdrehen und die Rutschleisten von unten auf die Stirnseite nageln (nicht in die Setzleiste!). Die Rutschleisten springen 2 Millimeter von den Außenseiten zurück. Dadurch rasten sie beim Aufsetzen zuverlässig ein. Damit ist die Zarge fertig.

Typisches Erscheinungsbild der Buckfast-Rasse: Die Bienen wirken gelb-orange. Wanderimker arbeiten häufig mit Buckfast-Bienen, was zu Konflikten mit heimischen Carnica-Züchtern führt.

Teileliste für den Innendeckel	
2 Seitenteile	520 × 40 × 20 mm
2 Stirnseiten	380 × 40 × 20 mm
1 Hartfaserplatte außen	520 × 420 × 3 mm
1 Hartfaserplatte innen	480 × 380 × 3 mm
1 Styropor- oder Styrodurplatte	480 × 380 × 30 mm
Benötigt werden außerdem Holzschrauben (Länge 40 mm), Nägel und Glaser-Ecken bzw. U-Hakerl.	

Isolierter Deckel

Der Deckel besteht aus einem isolierten Innendeckel mit Holzleisten und einer wetterfesten Schutzhaube aus Blech.

Montage des Deckels

Zuerst die Seitenteile und Stirnseiten zu einem Rahmen um die Montagehilfe zusammenstellen und mit einer Schraubzwinge fixieren.

Für die Teile des Deckels wird wieder die Montagehilfe gebraucht: Außen herum wird der Rahmen zusammengestellt.

Es ergibt sich ein 520 × 420 Millimeter großes Rechteck.

Die Ecken jeweils mit zwei Holzschrauben (40 mm lang) verbinden. Unbedingt die Löcher vorbohren und Schraubenköpfe versenken, damit das Holz beim Zusammenschrauben nicht reißt.

Der Deckel-Rahmen erhält eine Außenverkleidung aus Hartfaser. Bewährt haben sich Dachpappen-Nägel.

Nun die größere der beiden Hartfaserplatten (520 × 420 mm) auf den Holzrahmen tackern oder nageln. Bewährt haben sich Nägel für Dachpappe (20 mm lang), vier in der Längsseite und drei in der Stirnseite.

30 mm dickes Styropor ist als Dämmung geeignet. Es lässt sich gut mit dem Messer bearbeiten. Wer es lieber ökologisch möchte, der nehme Schafwolle oder Dämmplatten aus Naturfasern.

Nun den Deckel stürzen und für die innere Dämmung des Deckels die Styroporplatte zuschneiden. Am besten mit dem Messer bis zur Hälfte vorritzen und die Platte durchbrechen. Achtung: Eine Kreissäge ist ungeeignet für den Zuschnitt!

Die Styroporplatte hineindrücken. Es können auch Reste von Styropor verwendet werden: Man legt die Stücke so nebeneinander und schiebt sie zusammen, bis der Holzrahmen flächig ausgefüllt ist.

Mit der kleineren, zweiten Hartfaserplatte die Füllung verschließen, Drahtschlaufen oder Glaser-Winkel für die Befestigung verwenden.

Zum Schluss die zweite Hartfaserplatte auf das Styropor legen und mit Schraubzwingen leicht herunterdrücken. Es ergibt sich innen eine Aufkantung zum Holzrahmen. In diesen werden nun sogenannte Glaser-Ecken (dreieckige Stahlplättchen) eingeschlagen, um ein Herausfallen der Isolierung zu verhindern. Eine Alternative sind Krampen (Drahtschlaufen, österreichisch U-Hakerl), die zum Annageln von Draht an Gartenpfosten verwendet werden.

Beim gestürzten Deckel bleibt eine Aufkantung des Randes von etwa 7 Millimetern. Der Deckel eignet sich damit auch als Boden für das bienensichere Lagern von Rähmchen bei der Honigernte oder von ausgebauten Rahmen.

In der Vergangenheit entdeckten immer wieder Ameisen den Isolierdeckel der Bienenvölker als Wohnung und fraßen Teile des Innenlebens heraus. Nach dem Abdichten der inneren Ritze mit Silikon war Ruhe.

Wetterfeste Schutzhaube

Der beschriebene Deckel liegt flach auf der Zarge. Im Bienenhaus genügt ein Mauerziegel als Beschwerung. Bei einer Aufstellung im Freien ist dagegen ein Wetterschutz erforderlich. Bewährt hat sich eine Haube (530 × 430 mm) aus verzinktem Blech. Durch die 10 Millimeter Spiel in Länge und Breite lässt sie sich gut abziehen. Die umlaufende, senkrechte Aufkantung sollte 40 Millimeter hoch sein, damit sie den Deckel gegen Verrutschen sichert. Die Ecken der Blechhaube sollte man jeweils mit einer Blindniete von innen nach außen fixieren. Die Knubbel der Blindniete sitzen dann außen und stören beim Abziehen des Deckels nicht.

Ohne Vorrichtung zum genauen Kanten des Bleches ist der Selbstbau schwierig. Wer sich die Arbeit dennoch zutraut: Besser vorher eine Haube aus Wellpappe zuschneiden (mit den Laschen an den Ecken), die man dann für den Blechzuschnitt als Schablone verwendet.

Teileliste für Diagnoseboden	
Bauteil	Abmessung
4 Seitenleisten (Unterbau)	500 × 50 × 30 mm
2 Seitenleisten (Oberbau-Rahmen)	520 × 50 × 20 mm
1 Leiste Rückseite (Oberbau-Rahmen)	380 × 50 × 20 mm
1 Leiste Vorderseite, Flugloch (Oberbau-Rahmen)	380 × 30 × 20 mm
1 Frontblende (Unterbau)	420 × 80 × 20 mm
2 Deckleisten	420 × 20 × 20 mm
Varroa-Gitter	560 × 420 mm
1 Hartfaser-, Kunststoffplatte oder Blech für Bodenschublade	520 × 360 mm
Schubladenblende	420 mm x individuelle Höhe
Fluglochblende	420 mm x 20 mm x 15 mm
Benötigt werden außerdem Holzschrauben (Länge 40, 50, 60 und 80 mm) und Nägel.	

Diagnoseboden

Ein Gitter- oder Diagnoseboden gehört zur zeitgemäßen Bienenhaltung. Hier die Ansicht von vorne und von hinten.

Der Diagnoseboden der Einfachbeute hat von allen Magazin-Elementen die meisten Einzelteile. Er hat aber auch die meisten Aufgaben: Er muss das Gewicht des schweren Bienenstockes aushalten. Während nach vorne die Bienen ein- und ausfliegen, hat der Imker hinten die Kontrolle, ohne mit den Bienen in Berührung zu kommen: Durch ein engmaschiges Gitter fällt das Gemüll auf die nach hinten ausziehbare Schublade. Zum Wandern verschließt man das Flugloch und zieht den Einschub. Über den offenen Gitterboden haben die Bienen eine gute Luftversorgung.

Varroa-Gitter

Aufgrund langjähriger Erfahrungen gebe ich zum Varroa-Gitter folgende Empfehlungen: Ein Gitter aus Edelstahl ist zwar schmerzhaft teuer, aber es ist säurefest, formstabil, kältebeständig und schützt vor Mäuseschäden. Von Improvisationen (zum Beispiel Putzträgergewebe) ist abzuraten. Spitzmäuse knacken so etwas spielend. Allenfalls ein Varroa-Gitter aus Kunststoff, wie es der Fachhandel anbietet, eignet sich bedingt als Alternative. Es hängt nach einigen Jahren schlaff durch und wird im Winter spröde. Vereinzelt hielt es Mäusen nicht stand.

Der Boden besteht aus einem u-förmigen Unterbau (UB) und einem rechteckigen Oberbau-Rahmen (OB). Dazwischen wird das Varroa-Gitter gespannt. Dieses erst von der Rolle abschneiden, wenn es zwischen Ober- und Unterbau fixiert ist.

Montage des Bodens

Für den Unterbau jeweils zwei Dachlatten L-förmig zusammenschrauben.

Für den Unterbau (UB) jeweils zwei Dachlatten L-förmig zusammenschrauben (je drei Holzschrauben, 60 mm lang). Diese sind die Seitenleisten für den Unterbau. Innen gleitet später darauf der Schubladenboden.

Für das Zusammenfügen des Oberbaus (OB) kommt wieder die Montagehilfe zum Einsatz. Dazu die beiden Seitenleisten an den Längsseiten mit einer Schraubzwinge fixieren und mit den beiden Leisten für Rück- und Vorderseite bündig zu einem rechtwinkligen Rahmen ausrichten.

Oberbau: Um die Montagehilfe herum einen rechtwinkligen Rahmen zusammenstellen. Die Fluglochseite ist schmäler.

Die schmälere Vorderseite liegt unten auf. Sie ergibt später das Flugloch. Alle Ecken mit je zwei Holzschrauben (40 mm lang) verbinden (Löcher vorbohren, Köpfe versenken).

Auf dem fertigen Rahmen die erforderliche Fläche Varroa-Gitter abrollen. Wichtig: An der Vorder- und Rückseite des Rahmens muss das Gitter 20 mm Überlänge haben.

An der Vorder- und Rückseite des Rahmens muss das Gitter 20 mm Überlänge haben.

Das Varroa-Gitter erst über die Längsseiten straff spannen und mit einem Handtacker sichern. Nun in Richtung Rückseite spannen und ebenfalls antackern. Die Fluglochseite (niedrige Leiste) bleibt zunächst lose. Jetzt das Varroa-Gitter mit einer Blechschere an den Längsseiten bündig abschneiden, an den Schmalseiten 20 Millimeter Überlänge lassen.

Das Verbinden von Ober- und Unterbau verlangt einige Sorgfalt beim Ausrichten. Am besten mit Schraubzwingen sichern.

Im nächsten Schritt werden Ober- und Unterbau miteinander verbunden.

Zunächst die Dachlattenpaare parallel legen (aufrechte Latte soll auf liegender stehen, L-Form nach innen). Jetzt den Rahmen mit dem Varroa-Gitter daraufstellen (das Gitter ist jetzt unten). Der Rahmen springt auf der Fluglochseite (niedrige Leiste, Gitter noch lose) 20 Millimeter zurück. Die Konstruktion sorgfältig ausrichten und mit zwei Schraubzwingen sichern.

Je drei Holzschrauben, 80 Millimeter lang, behutsam und senkrecht von oben durch die Leisten des Rahmens in die Dachlatten darunter einschrauben (vorbohren, Köpfe versenken).

Mit der Frontblende wird das Stirnholz der Dachlatten verdeckt.

Die Fluglochseite erhält jetzt die Frontblende. Dazu werden vier Holzschrauben, 50 Millimeter lang, gebraucht. Nun ist das Stirnholz der Dachlatten verdeckt.

Das lose Varroa-Gitter nach unten ziehen und auf der Frontblende antackern. Eine Deckleiste mit drei Schrauben, 40 Millimeter lang, darüber befestigen. Die Leiste erfüllt die Funktion eines Anflugbrettes auf der Fluglochseite. Auf der Rückseite Varroa-Gitter nach oben umbiegen und mit der zweiten Leiste abdecken. Der Gitterboden ist damit fertig.

Die Abdeckleiste auf der Fluglochseite dient gleichzeitig als Anflugbrett.

Die Bodenfläche schaut hinten 20 mm heraus. Darauf steht die Blende, die die Schublade abschließt.

Es fehlt noch die Schublade mit dem rückseitigen Abschluss. Die Bodenfläche schaut hinten 20 Millimeter heraus. Darauf steht die Blende, die die Schublade abschließt. Diese ist 420 Millimeter breit, die Höhe bitte individuell anpassen. Sie wird mit Nägeln oder kleinen Holzschrauben von unten fixiert.

Fluglochdiagnose: Wo Bienen viel Pollen eintragen, hat das Volk eine gute Königin und ein großes Brutnest.

Hartfaser als Schubladenboden ist billig und lässt sich gut bearbeiten. Die Platten quellen jedoch bei Feuchtigkeit und vor allem bei Kontakt mit Ameisensäure auf. Nach einiger Zeit hängen sie nach unten durch. Zinkblech vom Spengler ist eine Alternative. Noch besser eignen sich ausrangierte Werbetafeln, wie sie an Baustellen verwendet werden. Sie sind unverwüstlich, säurebeständig und rückseitig meist weiß. Eine gute Quelle sind übrigens Gastwirte, die Wirtshaustafeln oder Tafeln für die Eiswerbung ausrangieren. *Tipp für das Zuschneiden: Mit dem Teppichmesser (Cutter) mehrfach anritzen und durchbrechen.*

Zum Abschluss wird die Fluglochblende aus einem Stück Hartholz (15 mm stark und 20 mm hoch) angebracht. Sie sitzt in voller Breite vor dem Flugloch und wird beidseits in das Stirnholz des Bodens geschraubt. In der Mitte des Holzes einen Streifen für ein 10 Millimeter hohes und 80 Millimeter breites Flugloch herausnehmen. Vor einer Wanderung Fluglochblende abschrauben, stürzen und wieder anschrauben. Damit ist das Flugloch verschlossen.

Vorsicht: In diesem Fall Schublade herausziehen, damit die Bienen Luft bekommen. Bei starken Völkern und großem Nahrungsangebot wird die Fluglochblende ganz entfernt. Dann ist Flugbetrieb auf voller Breite möglich.

Die angeschraubte Version aus Hartholz ist bewusst gewählt: Einen Akku-Schrauber hat heutzutage schließlich jeder zur Hand. Es gibt dadurch beim Wandern keine vorstehenden Teile und das Flugloch ist sicher verschlossen.

Fluglochblenden aus Kunststoff werden nach einigen Jahren brüchig. Blenden aus verzinktem Blech rosten besonders schnell, wenn sie mit Ameisensäure in Kontakt kommen.

Höchste Abwehrbereitschaft: Bienen in Fluglochnähe kontrollieren genau, wer passieren darf. Fremde riskieren ihr Leben.

Individueller Stockmeißel

Der Stockmeißel ist des Imkers wichtigstes Werkzeug: Eine Seite wirkt als Hebel, die andere als Schaber. Es gibt unzählige Varianten und jedes Land hat seine eigenen Ausführungen.

Allerdings hat jeder Imker eine Vorliebe für „seinen" Stockmeißel. Der Schattenriss zeigt meinen Favoriten in Originalgröße. Angeblich stammt das Werkzeug von einem slowenischen Imkerkollegen. Der Stockmeißel lässt sich – je nach persönlichem Bedarf – verändern: Man könnte ihn von dieser Buchseite abscannen und aus der Datei eine Schablone aus Pappe für einen Stockmeißel in gewünschter Größe erstellen.

Wichtig ist, dass die hakenförmige Nase des Meißels scharf ausgebildet ist. Mit dieser werden die Waben herausgehoben, während sich die Gegenseite auf der benachbarten Wabe abstützt. Auf der gegenüberliegenden Seite hat der Stockmeißel eine Schneide. Praktisch ist eine handliche Größe des Stockmeißels. Man muss ihn in der Hand halten und dennoch mit den Fingern greifen können.

Ein Stockmeißel muss viel aushalten. Bester Stahl ist darum gerade gut genug: Das abgenutzte Messer eines Rasenmähers liefert das ideale Material dafür. Am besten geht man mit der Pappschablone zu einem Schlosser. Er soll den Stockmeißel grob herausschneiden. Der Feinschliff ist dann die Sache des Imkers: Mit Flex, Eisenfeile und Bandschleifer arbeitet man auf der einen Seite einen scharfen Schaber, auf der anderen einen spitzen Haken heraus.

Dieses Modell war ursprünglich ein Rasenmähermesser: Mit der einen Seite stützt sich der Meißel auf der Wabe ab, mit der anderen fasst die „Nase" unter die benachbarte Wabe. Mit einer Hebelbewegung kann die bienenbesetzte Wabe erschütterungsfrei entnommen werden. Die gegenüberliegende Seite wirkt – sobald sie angeschliffen ist – als Schaber.

Dieser Wabenhalter ist bereits fertig verschweißt und bereit für seinen Einsatz.

Praktischer Wabenhalter

Für die Durchsicht der Bienenvölker wird am offenen Bienenstock erst einmal eine Wabe gezogen. Doch wohin damit? Auf den Erdboden stellen ist aus Gründen der Hygiene tabu. Nicht immer hat man eine Leerzarge zur Hand, in die man die bienenbesetzte Wabe abstellen kann.

Ein sogenannter Wabenhalter ist ein praktischer Helfer: Es handelt sich um ein zweiarmiges Metallgestell, das am Rand der Zarge eingehängt werden kann. Je nach Platz passt der Wabenhalter sowohl an der Stirn- als auch an der Längsseite. Besonders praktisch ist es, wenn auf einer Wabe die Königin entdeckt worden ist: Man hängt einfach die Wabe außen an den Wabenhalter – und man kann das Volk ohne Risiko neu ordnen. Auch können bienenbesetzte Waben in den Honigraum umgehängt werden: Die Königin hängt im Abseits und wird erst am Ende wieder dazugegeben.

Der Wabenhalter passt sowohl an die Längs- als auch an die Stirnseite der Zargen. Bienenbesetzte Waben werden so sicher abgestellt.

Der Eigenbau eines solchen Wabenhalters ist nicht schwer. Er verlangt aber einige Grundkenntnisse in der Metallbearbeitung: Gebraucht werden ein kleiner Trennschleifer (Flex) mit Metallscheibe, zusätzlich eine Schruppscheibe zum Versäubern der Schweißstellen. Man arbeitet mit einem Elektroden-Schweißgerät (und benötigt dafür Schutzbrille oder Helm). Hilfreich ist ein magnetischer „Schweißerwinkel" zum Zusammenstellen der jeweiligen Teile.

Als Material verarbeitet wird 10-Millimeter-Rundstahl, davon brauchen wir etwa 1,40 Laufmeter.

Mit dem Trennschleifer davon einen Meter abschneiden.

Aus einem Meterstück wird zunächst eine U-Form: hier der Rücken und die beiden Tragarme.

Dieses Stück wird umgearbeitet zu einer U-Form: Der Boden des U hat die Außenmaße des Rähmchens plus 10 Millimeter (Zander: 420 mm, Normalmaß: 370 mm, jeweils plus 10 mm). Im rechten Winkel dazu stehen die beiden Tragarme, auf denen später die Rähmchen mit den „Ohren" hängen. Das Meterstück so einteilen, dass zwei gleiche Teile außen bleiben (Tragarme).

Rundstahl einschneiden und zu einer Kerbe von 90 Grad erweitern.

Die Ausbildung der beiden rechten Winkel geht am leichtesten so: Mit dem Trennschleifer den Rundstahl halb einschneiden und den Schnitt zu einer 90-Grad-Kerbe erweitern. Dann die beiden Schnitte behutsam jeweils zum 90-Grad-Winkel biegen.

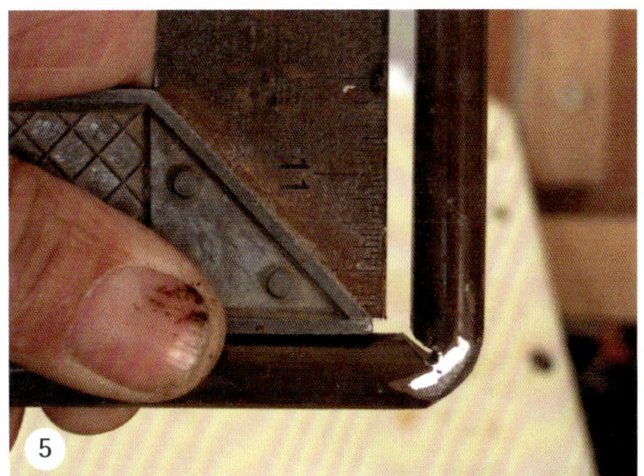

Das u-förmige Teil ausrichten und den Schlitz der Kerbe mit Schweißmaterial füllen.

Jetzt das u-förmige Teil sorgfältig ausrichten (rechte Winkel, Tragarme auf gleicher Ebene). Mit dem Trennschleifer den Schlitz der Kerbe etwas erweitern und mit Schweißmaterial füllen.

Die beiden Stücke 100 mm von den Ecken einrücken und im 90-Grad-Winkel ausrichten.

Vom Reststück des Rundstahls zwei Stücke (Länge jeweils 60 mm) abschneiden. Die beiden Stummel werden die äußeren Stützen des Wabenhalters: Das u-förmige Traggestell im Schraubstock einspannen, waagerecht mit den Armen. Die beiden Stücke 100 Millimeter von den Ecken einrücken, im 90-Grad-Winkel ausrichten (siehe Bild 5), Magnetwinkel einsetzen, anschweißen. Das hat den Sinn, dass der Halter wahlweise an der Längs- als auch an der Stirnseite angehängt werden kann.

Jetzt fehlen noch zwei Krallen, die nach innen über den Beutenrand greifen. Dazu das Reststück des Rundstahls wiederum in zwei gleiche Teile zerschneiden (Flex).

7

Die zwei Krallen greifen später über den Zargenrand nach innen und halten das Gestell.

In der Mitte der zwei Teile jeweils eine Kerbe ausbilden und die zwei Teile zu einer L-Form biegen (innen die Ecken verschweißen, wie beschrieben).

8

Vor dem Abschneiden die beiden Krallen auf den Zargenrand legen und markieren.

Einen Schenkel der L-förmigen Teile auf 20 Millimeter Länge abschneiden. Danach die Teile auf den Zargenrand legen und den Außenrand der Zarge markieren (20 mm oder mehr, je nach Stärke der Außenwand). Jetzt auch die andere Seite der L-Teile abschneiden.

Zum Anschweißen der Haltekrallen das Gestell wieder einspannen, mit den beiden Außenstützen nach unten. Im rechten Winkel zu diesen werden die Krallen fixiert.

Das Anbringen der Krallen ist eine sensible Arbeit. Der Schweißerwinkel leistet hier gute Hilfe.

Das Ende der Krallen zeigt nach unten. Dieser letzte Schritt erfordert etwas Sorgfalt. Am besten die Krallen erst mit einem Schweißpunkt anheften, ausrichten und testweise an der Beute ausprobieren. Erst dann fertig schweißen.

Jetzt fehlen nur noch Schönheitsarbeiten: Mit der Schruppscheibe die Schweißstellen verschleifen. Bei Bedarf die Schweißstellen nacharbeiten. Wer will, kann die Enden der Tragarme noch ein wenig nach oben biegen. Das verhindert ein Abrutschen der bienenbesetzten Waben. Sinnvoll ist es außerdem, den Wabenhalter mit einer grellen Farbe zu versehen. Man findet ihn dann besser, und er geht nicht so schnell verloren.

Hier kommt nach Räuberei alle Hilfe zu spät, wie das verschmutzte Flugloch zeigt: Benachbarte Bienen haben diesem Volk alle Vorräte geraubt. Was bleibt, sind mehrere Handvoll toter Bienen am Bodengitter.

Rähmchen drahten

Der durch das Rähmchen gezogene Draht gibt der Mittelwand Halt. Das hat seine Bedeutung im Bienenvolk, bei der Durchsicht und besonders beim Schleudern der Waben. Ob der Draht nun quer oder längs verläuft, ist jedem nach seinem Geschmack überlassen. Ich bevorzuge die Verdrahtung viermal senkrecht, wobei sich die äußeren beiden Drähte etwa 20 Millimeter von den Rähmchen-Innenseiten befinden.

Sehr hilfreich ist ein Rähmchenlocher. Dieser wird bei mir in der Hobelbank eingespannt. Mittels Hebelbewegung werden mit einem Stahlstift die erforderlichen Löcher in das Rähmchen gedrückt. Auf der Auflage des Lochers gibt es zwei Schrauben. Damit kann die genaue Mitte des Rähmchens bzw. des Drahtverlaufes eingestellt werden.

Um nicht jedes Mal die Position der Löcher neu ausmessen zu müssen, gibt es einen einfachen Trick: zwei dicke Striche (hier gelb) mit einem Filzstift auf der Hobelbank – von der Nadel des Rähmchenlochers nach links bei 14 Zentimetern und bei 28 Zentimetern.

Zwei Markierungen auf der Hobelbank helfen dabei, dass sich die Löcher der Rähmchen immer im gleichen Abstand befinden.

Nun das Rähmchen waagerecht in den Locher legen mit dem Anschlag links: 1. Loch. Weiter nach links schieben, nach 14 Zentimetern anhalten: 2. Loch, nach 28 Zentimetern: 3. Loch, weiterschieben bis zum rechten Anschlag: 4. Loch. Danach das Rähmchen stürzen und auf der Gegenseite genauso verfahren. Damit liegen alle Bohrungen exakt gegenüber.

Den Edelstahldraht gibt es zu kaufen auf einer Spule. Zum Abrollen am besten einen langen Nagel in die Hobelbank einspannen und die Spule darüberstecken – fertig ist die Abrollvorrichtung.

Erst Draht einfädeln bis zum Ende. Dann rückwärts festziehen und am Ende um den Nagel wickeln.

Vor dem Verdrahten des Rähmchens am Anfang und Ende des Drahtes einen 10 Millimeter langen Nagel zur Hälfte seitlich einschlagen. Von der Drahtspule ein Stück abrollen und durch die Löcher einfädeln.

Danach das Ende dreimal um den Nagel wickeln und den Draht rückwärts Loch für Loch straff ziehen. Bei Erreichen des Nagels am Anfang den Draht auch dort dreimal herumwickeln und abzwicken.

Es ist hilfreich, einige Millimeter des Drahtes stehen zu lassen und auch die Nägel nicht völlig einzuschlagen: Wenn der Wabendraht später reißt, kann er an den Enden abgewickelt und herausgezogen werden. Beim neuen Bespannen werden die Nägel wieder verwendet. Hängt der Draht nur durch: eine Seite lösen, nachziehen und neu um den Nagel wickeln.

Ein Wabendraht-Spanner gibt dem Draht eine wellenförmige Struktur. So kann er ein weiteres Mal gespannt werden.

In diesem Zusammenhang sei ein weiteres Hilfsmittel erwähnt: Ein Wabendraht-Spanner gibt dem Draht eine wellenförmige Struktur und strafft ihn damit wieder. Hilft auch das nicht mehr, den Draht einfach zur Seite ziehen, straffen und mit einem Nagel sichern. Auf diese Weise bleibt die Verdrahtung eines Rähmchens für drei bis vier Mittelwände und mehrere Jahre nutzbar.

Reinigen von Rähmchen mit Natronlauge

Eine unbeliebte, monotone Arbeit ist für viele Imker das Reinigen ausgeschmolzener Waben. Mechanisch ist das Abkratzen von Wachsresten und Propolis nur unvollständig möglich. Keimfrei werden die Rähmchen dabei gar nicht. Dabei sind gerade gebrauchte Rähmchen eine Infektionsquelle für Nosema oder gar Faulbrut. Das Abflämmen mit dem Gasbrenner desinfiziert, macht die Rähmchen aber weder sauber noch schöner.

Das Auskochen der Rähmchen mit Natronlauge ist eine Lösung mit hervorragendem Ergebnis. Viele Imker haben dennoch Vorbehalte wegen der Aggressivität der Lauge. Ich stelle gleich klar: Bei Ätznatron ist Vorsicht angeraten. Das Ablaugen von Bienenrähmchen spart aber sehr viel Arbeit, die Desinfektion ist absolut gegeben, die Rähmchen werden sehr sauber. Bei richtiger Handhabung gibt es keine Rückstände, die als Sondermüll entsorgt werden müssten. Das Ablaugen von Rähmchen wird auch von diversen Bieneninstituten empfohlen (siehe dazu auch: Bayerische Landesanstalt Veitshöchheim, Fachzentrum Bienen, Stichwort: Umgang mit Ätznatron, www.lwg.bayern.de).

Wir brauchen für das Ablaugen der Rähmchen einen großvolumigen Waschkessel oder Metallbehälter mit Heizmöglichkeit. Säurefeste Handschuhe und Augenschutz sind Pflicht, Gummistiefel und Schürze sind empfohlen.

Ätznatron (Natriumhydroxid, NaOH) wird vielfach in der Lebensmittelproduktion eingesetzt, beispielsweise zum Reinigen von Flaschen. Für das Ablaugen brauchen wir 3 Kilogramm Granulat für 150 Liter Wasser. Das Volumen reicht für die Reinigung von bis zu 300 Rähmchen.

Ganz wichtig ist die Reihenfolge: Erst Wasser in den Kessel einlassen. Ätznatron behutsam in kaltem Wasser auflösen (Augenschutz!). Erst dann den Kessel erhitzen. Je nach Heizquelle dauert das Erhitzen des Kesselinhaltes um die 2 Stunden. Die Natronlauge ist erst dann richtig wirksam, wenn die Flüssigkeit im Kessel vollständig klar gelöst ist und der Inhalt deutlich sichtbar zu kochen beginnt. Vorher bleiben Reste an den Rähmchen zurück.

Dann geht alles erstaunlich schnell: Jeweils 10 Rähmchen – vorher grob gereinigt – passen in meinen 150 Liter fassenden Kessel. Nach wenigen Minuten können die Rähmchen bereits sauber entnommen werden. Es folgt ein intensiver Tauchgang in einer Regentonne. Auch dort sollten die Rähmchen eine Weile verbleiben, damit keine Laugenrückstände haften bleiben. Empfohlen ist, in das Waschwasser einen ordentlichen Schuss Haushaltsessig zu geben. Der Essig neutralisiert letzte Laugenreste an den Rähmchen.

Durch das Ablaugen haben die Rähmchen eine hellbraune Farbe angenommen. Bevor sie erneut in Zargen verstaut werden, müssen sie abtrocknen. Sonst besteht Schimmelgefahr.

Gegen Ende des Ablaugens dauert das Reinigen der Rähmchen immer länger. Das ist ein Hinweis darauf, dass sich die Lauge abreagiert hat. Durch gelöste Propolis- und Wachsteile hat die Brühe eine Farbe von dünnem Kaffee angenommen. Zum Nachweis, dass von der Lauge keine Gefahr mehr

Die ausgeschmolzenen Rähmchen lassen sich mechanisch nur grob reinigen. Sie sind klebrig und tragen Wachsreste und Kittharz.

ausgeht, eignet sich ein Lackmus-Test (Papierstreifen, blau für Laugen). Ist der Papierstreifen nach dem Eintauchen noch blau, etwas Essig zugeben und noch einmal messen, bis der Streifen keine Reaktion mehr zeigt. Gegen eine Entsorgung in der Kanalisation bestehen dann keine Bedenken mehr.

In einer einfachen Haltevorrichtung lassen sich 10 Rähmchen kreuzweise stapeln. Der T-Griff mit dem Haken (unten) dient zum kontaktlosen Versenken und Herausheben der Rähmchen aus der Lauge.

In einem großen Kessel wird die Natronlauge zum Sieden gebracht. Dabei lösen sich die Kristalle des Ätznatrons vollständig. Vorsicht: Beim Arbeiten unbedingt Schutzbrille und geeignete Gummihandschuhe verwenden.

Nach längstens 10 Minuten kommen die gereinigten Rähmchen in ein Wasserbad. Hier schwimmen letzte Reste auf. Etwas Essig zugeben, damit die Rähmchen neutralisiert sind.

Die gereinigten Rähmchen werden luftig gestapelt. Sie sollen trocknen. Dadurch wird Schimmel vermieden.

150 Liter Natronlauge reicht etwa für 300 Rähmchen, dann hat sich die Lauge abreagiert. Zur Kontrolle dient Lackmus-Papier blau. Verfärbt es sich nicht mehr, kann die Lauge über die Kanalisation entsorgt werden. Gegebenenfalls vorher zur Neutralisation noch 1 Liter Haushaltsessig dazugeben.

Umgebaute Sackrodel

Eine handelsübliche Sackrodel kann für Imker-Transporte umgebaut werden.

Wer mit Magazinen imkert, muss schwer heben. Drei volle Zander-Zargen bringen leicht 70–80 Kilogramm auf die Waage. Hilfsmittel, die die Bandscheiben schonen, sind daher immer willkommen.

Ideales Transportmittel ist eine Sackrodel, mit zwei Einschränkungen: Die Auflagefläche ist zu klein und die Zargen rutschen seitlich herunter. Die vorgestellte, modifizierte Sackrodel hat eine Auflage in Zargengröße (quer) und eine seitliche Sicherung.

Mit einem Handgriff wird die Konstruktion auf eine handelsübliche Sackrodel aufgesteckt.

Mit einem Handgriff wird die Konstruktion auf eine handelsübliche Sackrodel aufgesteckt.

Eines vorweg: Um die hohe Last zu tragen, muss die Konstruktion massiv sein. Wie vorgestellt hat sie ein Eigengewicht von knapp 10 Kilogramm. Aber es hilft nichts: Dünneres Stahlblech ist mit dem Elektroden-Schweißgerät nicht zu bearbeiten. Unter schweren Lasten verformt es sich. Aluminium wäre leichter, ist aber weicher. Alu-Schweißen ist zudem nicht ganz einfach. Ein gelernter Schlosser kann das besser.

Auflagefläche und die Rückwand im rechten Winkel zusammenschweißen.

Zuerst die Auflagefläche und die Rückwand im rechten Winkel zusammenschweißen. Alternativ dazu das Stahlblech beim Schlosser entsprechend aufkanten lassen.

Der Vierkantstahl ergibt die seitliche Sicherung gegen Abrutschen des Ladegutes.

Das Bewegen schwerer Lasten kann bei der Magazin-Imkerei zum Problem werden: Bis zu vier Zargen lassen sich mit der umgebauten Sackrodel transportieren.

Teileliste für eine Sackrodel (Maße für Zanderformat und handelsübliche Sackrodel)	
1 Stahlblech Auflage 2 mm (geriffelt oder glatt)	560 × 240 mm
1 Stahlblech Rückwand, wie oben	560 × 425 mm
2 Laufmeter Vierkant- oder Rundstahl	8 × 8 mm

Der Vierkantstahl sichert das Ladegut vor dem Abrutschen und schützt den Stahlblechwinkel vor Verformung. Mit jeweils einem Meterstück des Vierkantstahls die Vorderecke Auflage (hier bündig) und Ecke Hinterwand verbinden. Den Vierkantstahl jeweils mit Schweißpunkten fixieren. Erst dann mit der Trennscheibe an der Rückwand abschneiden. Nun die seitlichen Diagonalen fertig schweißen.

Die Haltekrallen fassen hinter die Schutzbleche der Rodel. Erst deren Position anzeichnen.

Aus den beiden Reststücken des Vierkantstahls zwei Haltekrallen formen, die hinter die Schutzbleche der Sackrodel fassen.

Zunächst die Winkelkonstruktion auf die Sackrodel stellen und ausmitteln. Dann die Position der Haltekrallen markieren. Diese verlaufen jeweils knapp rechts und links an den Holmen der Rodel vorbei.

Die Vierkant-Stücke auf die Rückwand auflegen, waagerecht nach hinten ausrichten.

Nun die zwei Vierkant-Stücke auf die Rückwand auflegen, waagerecht nach hinten ausrichten – und festschweißen. Die Verbindung zur Rückwand muss sehr stabil werden, darum großzügig Schweißmaterial auftragen.

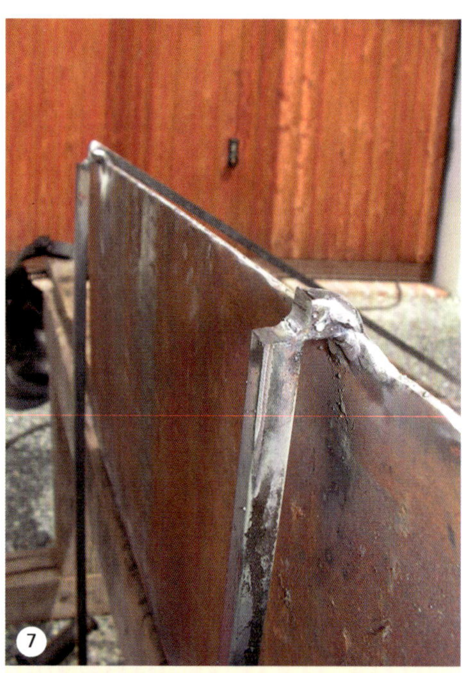

Nach dem Einkerben die Stäbe vorsichtig senkrecht nach unten biegen.

Danach probeweise die Konstruktion bündig an die Schutzbleche der Sackrodel schieben. Die Stellen markieren, an der die Krallen knapp hinter dem Schutzblech senkrecht nach unten laufen sollen.

Hier mit dem Trennschleifer die Vierkant-Stücke zur Hälfte einschneiden. Vorsichtig die Stäbe 90 Grad nach unten biegen. Die Kerbe mit Schweißmaterial auffüllen.

Zuletzt die unteren Enden der Haltekrallen bei etwa 200 Millimeter kürzen (entspricht der Höhe der Schutzbleche).

Mit der Schruppscheibe die Schweißnähte säubern.

Tipp 1: Wer sich erst eine Sackrodel kaufen will, sollte bedenken: Je höher die Holme, desto besser ist die Hebelwirkung.

Tipp 2: Beim Transport schwerer Lasten die Reifen der Sackrodel möglichst hart aufpumpen. Das mindert den Rollwiderstand und erleichtert den Transport erheblich.

Auch Hausgärtner können viel für Bienen tun. Wichtig ist, dass sie Blumen mit ungefüllten Blüten setzen. Gefüllte Blüten sind steril und damit für alle Insekten nutzlos.

Verstellbarer Bienensitz

Holzpaletten als Bienensitz kosten meistens nichts. Mit Gewindestäben in den Ecken lassen sie sich dem Gelände anpassen.

Gewindestangen gibt es als Meterware. Diese in 30-cm-Stücke schneiden.

Holzpaletten sind eine gute Plattform zur Aufstellung von Bienenvölkern. In der Regel kosten sie nichts. Sie sind belastbar und zwei Bienenvölker haben in der Regel darauf Platz.

Bienenvölker sollen eben stehen. Fast immer muss mit Brettern, Dach- und Mauerziegeln ausgeglichen werden, bis der Standplatz waagerecht ist. Was lag näher als eine verstellbare Palette, die am Ort ohne Werkzeug ausgerichtet werden kann und bei der es keine losen Teile gibt? Besonders bewährt sich die verstellbare Palette, wenn mit Bienenvölkern gewandert wird. Das Aufbauen und Ausrichten dauert nur wenige Minuten.

Der Bau ist schnell erklärt: In die vier Ecken der Paletten werden Löcher im Durchmesser von 20 Millimeter gebohrt. Das Bohren dieser Löcher ist die einzige anspruchsvolle Aufgabe, denn: In den Ecken lauern allerlei Klammern und Nägel, die dem Bohrer zu schaffen machen.

Wer sichergehen will, zerlegt die Palette an den Ecken, entfernt die störenden Nägel und schraubt die Palette wieder so zusammen, dass für die Bohrung keine Gefahr mehr besteht.

Alternative: Baufirmen und Zimmereibetriebe haben Bohrer, die auch Eisen schadlos knacken und eine Bohrtiefe von 20 Zentimetern schaffen. Bei Bedarf kann man sich dort helfen lassen.
Die Stellfüße bestehen aus Gewindestangen von 20 Millimetern Stärke. Diese gibt es als Meterware zu kaufen.

Diese mit der Trennscheibe (Flex) in Stücke von 30 Zentimetern schneiden.

Nach dem Abschneiden die Schnittstellen verschleifen, damit das Gewinde gängig bleibt.

Den Umgang mit dem Abkehrbesen muss der Neuimker erst einmal üben. Die Alternative ist, die Bienen mit einer ruckartigen Bewegung abzustoßen.

Flacheisen oder große Unterlegscheiben verhindern am Fußende das Einsinken der Palette in feuchtem Boden.

Das Gewinde an den Schnittstellen versäubern, damit sich die Muttern leichter aufschrauben lassen. Jeweils an einem Ende der Stücke ein Flacheisen oder eine große Unterlegscheibe aufschweißen. Damit sinken die Stellfüße auch in feuchtem Boden nicht mehr ein.

Jetzt eine Schraube und eine Unterlegscheibe aufschrauben und die Stellfüße von unten durch die Bohrlöcher stecken. Jetzt kann die Palette schon einmal ausgerichtet werden. Sobald das geschehen ist, von oben eine Unterlegscheibe und eine Schraube auf die Gewindestäbe geben und die Schrauben kontern – fertig.

Im Alltagsbetrieb werden die Schrauben mit der Hand angezogen, das reicht.

Tipp für Sparsame: Notfalls reichen drei Stellfüße. Am höchsten Punkt kann auf einen Stellfuß an der Palette verzichtet werden. Dann reicht auch ein Meterstück Gewindestab.

Wissenswertes rund ums Imkern

Anhang

Arbeitskalender für das Imkerjahr

Januar/ Februar	März	April	Mai	Juni
Solange Frost herrscht, sitzen die Bienen auf der Wintertraube und sind annähernd bewegungsunfähig. Sie dürfen in dieser Zeit nicht gestört werden. Wer trotzdem neugierig ist, kann mit einem Gartenschlauch von einem Meter Länge (ein Ende an das Flugloch, das andere ans Ohr) hineinhorchen. Ist ein leichtes Rauschen zu hören, ist klar, dass das Bienenvolk lebt und es ihm gut geht.	Mitte März (vorausgesetzt es ist sonniges Wetter und über 10 Grad Celsius) kann die Bienenbeute kurz geöffnet werden. Bei einem schnellen Blick kann man erkennen, ob die Bienen immer noch auf einer Traube sitzen und wie stark das Volk ist (stark: 6–5 Waben besetzt, mittel: 4–3 Waben, schwach: 3–2 Waben). In dieser Zeit noch keine Brutwaben ziehen! Außerdem kann kontrolliert werden, ob das Volk noch ausreichend Futter hat (rechts und links vom Bienensitz). Achtung: Bienenstock wirklich nur kurz öffnen und gleich wieder schließen.	Anfang/Mitte April (Hasel und Weiden blühen) sollte das Bienenvolk bereits ein ordentliches Brutnest haben. Kontrolle: am Rand eine nicht besetzte Wabe herausnehmen. Anschließend Waben „durchblättern", bis das Brutnest erreicht ist (das Volk nicht „auseinandernehmen" - sprich, den Eingriff mit so wenig Aufwand und so schnell wie möglich durchführen). Keine Angst, wenn das Volk optisch nicht gewachsen ist: Jetzt sterben die Winterbienen und werden durch Frühjahrsbienen ersetzt. Von der Population her tritt das Volk erst einmal auf der Stelle.	Anfang Mai (Faustregel: Kirschblüte) beginnen Bienenvölker regelrecht zu explodieren. Bei zeitig einsetzendem Frühjahr kann dies auch bereits 14 Tage früher sein. Wichtig ist die Volksstärke: Sobald im Magazin 6–8 Waben gut besetzt sind (und warmes Wetter vorausgesagt ist), wird ein Brutraum aufgesetzt und der Baurahmen dazugegeben. Rund 10 Tage danach (abhängig von Volksstärke, Wetter und Blüte) können Absperrgitter und der Honigraum gegeben werden. Ab jetzt gilt: Kontrolle alle 7–9 Tage. Sobald Drohnen vorhanden sind, können Ableger gebildet werden. Das Volk ist in Ordnung, wenn: - beim Abheben des oberen Brutraumes keine Weiselzellen sichtbar sind und der Baurahmen durch die Bienen zügig ausgebaut wird. - die jüngste Brut vorhanden ist (damit ist auch eine Königin da) und am Flugloch zielstrebiger und emsiger Flugverkehr herrscht.	Die Königin muss für die neue Brut immer genügend Platz haben. Von der Stärke her erreichen die Völker nun ihren Höhepunkt. Sobald Waben im Honigraum mindestens zur Hälfte verdeckelt sind, kann geschleudert werden (Spritzprobe!). Ist der Honig noch nicht reif, weiteren Honigraum zugeben, damit Bienen den Honig nicht im Brutraum einlagern. Der Baurahmen kann weiterhin erneuert werden. Auch Mittelwände bauen die Bienen in dieser Zeit noch aus.

Juli	Juli/ August	Oktober	November/ Dezember	Dezember/ Januar
Höhepunkt der Legetätigkeit der Königin ist überschritten und Bautrieb erlischt. Keine Mittelwände mehr ins Brutnest hängen! Mittelwände werden jetzt nur noch teilweise ausgebaut (Ausnahme Schwarm). Völker quellen jetzt vor Bienen fast über und finden im Stock kaum Platz. Es handelt sich dabei in der Mehrzahl um Flugbienen, die mangels Tracht (vorhandenem Nektar) kaum noch Beschäftigung finden. Diese sterben in den nächsten Wochen nach und nach und das Volk kommt von selbst auf Normalstärke. Mitte Juli Honigraum abnehmen und abschleudern. Jetzt ist der Zeitpunkt für die letzte große Revision vor dem Einfüttern; helle Rähmchen einbauen und dunkle entfernen, Baurahmen entfernen. Am besten gleich nach dem Abschleudern das erste Drittel des Winterfutters geben.	Völker stechen nun die Drohnen ab bzw. lassen sie verhungern. Schwarmtrieb erlischt. Sollten Ende August noch Drohnen im Volk vorhanden sein, ist die Königin verloren gegangen. Behandlung gegen die Varroa-Milbe: Entweder Dauerbehandlung mit handelsüblichem Verdunster oder dreimalige Schockbehandlung durch die Gabe von Ameisensäure: 1. Tag, 4. Tag, 8. Tag. Danach fertig einfüttern: Für ein 2-Raum-Volk sollten 12 Kilogramm Zucker als Winterfutter ausreichend sein. Den Völkern bleibt nun noch ausreichend Zeit, sich Pollenvorräte einzutragen und sich zu verjüngen: Sommerbienen arbeiten sich ab, Winterbienen (Lebenszeit 6–8 Monate) werden geboren. Nach dem Einfüttern Wabensitz der Bienen nicht mehr verändern.	Propolis-Gitter entfernen – dabei kurze Sichtkontrolle zur Überprüfung, wie stark das Volk ist.	Restentmilbung mit Oxalsäure. Wichtig: Völker dürfen keine Brut haben, da Oxalsäure nicht in die verdeckelten Zellen hineinwirkt. Vorsicht: Behandlung nur an einem sonnigen Tag bei Temperaturen zwischen 5 und 10 Grad. Bei Träufelmethode nur kurz öffnen und zügig arbeiten. Gebrauchsfähige Oxalsäure-Lösung vorher in warmem Wasser anwärmen. Bienen nicht abduschen!	Keine Arbeiten am Bienenstock, höchstens Außenkontrollen. Jetzt ist Zeit zum Richten neuer Rähmchen, zum Ausbessern von Zubehör oder für den Bau von Bienenzargen.

Pflanzen für Bienennahrung

Nektar und Pollen sind lebenswichtige Nahrung für Bienen. Ein Volk braucht davon eine erstaunliche Menge: 25–30 Kilogramm Pollen (Eiweiß) sind nötig, um mehrere 10.000 Bienen im Stock heranzuziehen, 3–5 Kilogramm Nektar (Kohlehydrat) werden täglich herangeschafft. Je gleichmäßiger der Nahrungsstrom hereinkommt, desto gesünder entwickeln sich die Bienenvölker. Wichtig ist, dass die Bienen diese Nahrung in ihrem Flugradius von etwa 3 Kilometern Umkreis finden müssen.

Der Imker spricht von „Trachtfließband". Der Begriff leitet sich ab vom Hereintragen eines gleichmäßigen Nahrungsnachschubes. Gerade das ist in immer mehr Gegenden Mitteleuropas ein zentrales Problem, verursacht durch ausgeräumte Fluren, immer weniger Landwirte auf immer größeren Flächen. Dabei bringt Herbizid-Einsatz Allerweltspflanzen wie Klatschmohn oder Kornblumen an den Rand des Aussterbens. Es waren gerade die Wildkräuter in den Äckern, an den Feldrainen und auf artenreichen Wiesen, die Bienen in den Sommermonaten Nahrung gaben. Besonders rigoros geht heute die Landwirtschaft dort gegen die Natur vor, wo auf besten Böden hohe Erträge erzielbar sind. Bienen haben dort keine Existenzgrundlage mehr. Für Imker gibt es hier nur den Rat, für die Völker einen geeigneten Standort außerhalb zu suchen.

Bezeichnend für das Problem ist, dass Imker in Großstädten heute vielfach die gesünderen Bienen haben: Der Zentralfriedhof in Wien oder der Botanische Garten in Berlin liefern zuverlässiger Pollen und Nektar als das übernutzte Marchfeld in Niederösterreich oder die Maiswüste im deutschen Niedersachsen. Wiesen werden heute zur Silage-Gewinnung schon im Mai bei voller Blüte abgemäht. Abgesehen davon, dass dabei tausende Flugbienen zu Matsch werden, verlieren Bienenvölker binnen Stunden die lebensnotwenige Nahrungsgrundlage. Blühende Ansaaten nach der Ernte auf den Äckern nehmen zwar zu – Phacelia, Ackersenf und Buchweizen blühen aber meistens erst ab Juli, wenn das Bienenjahr schon zu Ende geht.

In den Monaten April und Mai reicht in aller Regel die Pollen- und Nektarversorgung für Bienen noch aus. Die Obstbäume und Wiesen bieten ein Farbenmeer an Blüten, Hecken und blühende Wald- und Parkbäume liefern ausreichend Tracht. Eng wird es erst danach. Im Juni und Juli berichten immer mehr Imker davon, dass Bienenvölker in der Entwicklung stagnieren. Die Königinnen reduzieren die Eiablage, weil zu wenig Pollen und Nektar hereinkommt. Besonders hilfreich sind für die Bienen daher Kräuter, Sträucher und Bäume, die im Früh- und Hochsommer blühen, weil sie die Nahrungslücke auffüllen.

Tausende von Pflanzen werden von Bienen beflogen. Die nachfolgende Aufzählung muss daher lückenhaft sein. Es sind auch einige Exoten darunter, die für den Imker einen besonderen Erlebniswert haben, weil sie von Bienen extrem beflogen werden:

Den ersten nennenswerten Pollen liefert in Mitteleuropa die **Haselnuss.** Sie wird intensiv beflogen. Spätfröste führen oft zu einem Ausfall der Nahrungsquelle.

Steinobst markiert den Beginn der massenhaften Frühjahresblüte. Beginnend mit Marillen und Pflaumen (österr. Kriecherl) wird mit der **Kirschblüte** der Zeitpunkt erreicht, an dem der Imker den Bienen Raum für das Wachstum gibt.

Die **Kätzchenweide** ist im März ein Magnet für Bienen. Sie hat sehr hochwertigen Pollen und führt bei den Bienen zu einem Entwicklungsschub.

Blühende **Taubnesseln** unter Streuobstbäumen werden im zeitigen Frühjahr intensiv beflogen. Leider gehen durch die Verbreitung des Aufsitzmähers diese auch die für Bienen interessanten Flächen immer mehr zurück.

Krokusse sind zwar keine Massentracht, aber eine frühe Nektarquelle.

Der Löwenzahn liefert viel Pollen und Nektar, häufig zeitgleich mit der Obstblüte. Löwenzahn hält sich auch auf überdüngten Wiesen (Spottname „Spinat mit Spiegelei").

Skabiosen werden stark beflogen. Sie sind ein Beispiel für Artenreichtum auf Magerwiesen.

Noch recht unbekannt ist die **Reichblühende Ölweide,** auch Essbare Ölweide genannt. Sie blüht kurz nach den Obstbäumen und lockt Unmengen von Bienen an. Die kleinen Blüten sind grün-gelblich und riechen intensiv nach Nektar. Die Ölweide trägt im Herbst massenhaft kleine rote, essbare Beeren.

Borretsch und **Thymian** haben große Anziehungskraft bei Bienen in den Hausgärten.

Himbeeren liefern viel Nektar. Wer eine Himbeerkultur in seiner Nähe hat, kann sich glücklich schätzen.

Sehr attraktiv für Bienen sind auch **Erdbeeren.**

Honig von weiß-gelblicher Farbe liefert die **Robinie.** In klimatisch günstigen Gegenden ist sie für Bienen und Imker eine der ertragreichsten Pflanzen.

Die **Rosskastanie** (hier die rote Version) ist eine gute Bienenweide. Ungefüllte Rosen in jeder Form und Farbe sind wertvoll, weil sich deren Blüte an das Frühjahr anschließt und somit eine Lücke schließt.

Besonders reich an Nektar sind kleinblütige, ungefüllte **Büschelrosen,** die Sorte **Mozart** ist ein populärer Vertreter davon.

Ein Erlebnis im Garten sind **Ramblerrosen,** auf denen zur Blütezeit tausende von Bienen unterwegs sind, im Bild Rambling Rector (deutsch „ausschweifender Pfarrer"). Der Platz dafür muss gut gewählt sein. Ramblerrosen haben ungeheure Wuchskraft und Ausdehnung.

Der **Essigbaum** vermehrt sich durch Wurzelausläufer und kann in Gärten ausgesprochen lästig werden. Er blüht im Frühsommer und ist bei Bienen beliebt.

Bienen mit schwarzen Pollenhöschen befliegen gerade **Mohnblüten.**

Weit verbreitet in der Natur sind **Hartriegel** und **Liguster** (oberstes Bild).

Ein Erlebnis für Gärtner ist die Blüte des **Grünspargels.** Die kleinen Kelche sind unscheinbar, liefern aber große Mengen Nektar.

Die **Wegwarte** mag karge Feldraine und ist dekorativ blau. Sie blüht im Hochsommer und ist für Bienen wertvoll.

Ende Juni, Anfang Juli blüht die **Edelkastanie.** In Gegenden mit Weinbauklima liefert sie zusammen mit der **Sommerlinde** einen begehrten Honig. Er ist mittelbraun und besonders würzig.

Nur vormittags öffnen sich die Blüten von **Prunkwinden,** ab Mittag sind sie geschlossen. Sie blühen vom Hochsommer bis zum ersten Frost.

Buchweizen ist häufig Bestandteil blühender Saatgutmischungen nach der Ernte auf Äckern. Vorausgesetzt es regnet ausreichend, liefert er viel Nektar in nahrungsarmer Zeit.

Der **Weißklee** gilt bei pingeligen Gärtnern als Unkraut. Für Bienen liefert er – wie viele andere Lippenblütler – über viele Wochen im Sommer Nektar in großer Menge. Es wird daraus sogar sortenreiner Honig gewonnen.

Blühende **Sonnenblumenfelder** im Hochsommer sind eine Augenweide. Sie liefern aber nicht mehr zuverlässig Bienennahrung. Neue Sorten sind auf maximale Ölgewinnung ausgerichtet und haben wenig Nektar und Pollen. Interessant bleiben Sonnenblumen zur Begrünung oder für die Biomasse-Gewinnung.

Von **Kürbisgewächsen** stammt im Sommer sehr viel Pollen, jedoch kaum Nektar.

Efeu und **Wilder Wein** werden im Spätsommer von Bienen intensiv beflogen, in einer Zeit, in der fast nichts mehr blüht, außer:

Astern. Sie bieten in Gärten noch einmal Nektar bis zum Frostbeginn.

Zwei eingeschleppte Pflanzen müssen erwähnt werden, weil sie für die Bienen spät im Jahr sehr viel Nahrung bringen: Auf Brachflächen ist die **Kanadische Goldrute** (Bild) inzwischen flächendeckend vorhanden. Das **Indische Springkraut** ist auf feuchten Flächen und entlang von Flüssen kaum zu stoppen. Die Bienen lieben beide dieser Neophyten. Aus biologischen Gründen können sie nicht empfohlen werden.

Abschließend noch einige Sonderfälle für Spezialisten und für die Freunde des Besonderen: **Dahlien** sind für Bienen wertlos, es sei denn, sie sind ungefüllt. Dann werden sie von Bienen sehr gerne besucht.

Akeleien bleiben sich im Garten selbst überlassen und sähen sich selbst aus. Für Hummeln und Bienen bieten sie viel Nektar.

Aus Südamerika stammt die **Spinnenblume.** Auf der dornenbewehrten Zierpflanze summt es erst am Spätnachmittag, dann aber bis zum Sonnenuntergang.

Mönchspfeffer sieht Cannabis nicht unähnlich, hat mit diesem aber nichts zu tun. Wirkung hat er aber auch, Zitat aus dem Kloster: „Die Früchte bewahren die Keuschheit und mäßigen den Drang zum Beischlaf." Bienen mögen den Mönchspfeffer: im Bild eine Holzbiene.

Bulgarischer Lauch ist der Champion unter den Zierpflanzen, wie auch der lateinische Name verrät: *Nectaroscordum siculum.* Büschelweise hängen die Blüten wie Glocken. Von Bienen werden sie mehrmals pro Minute beflogen, weil sie Unmengen an Nektar absondern.

Alphabetisches Stichwortverzeichnis

Drängelei in einer Mohnblüte, nur so können pro Mohnkapsel viele hundert Körnchen ausgebildet werden.

Glossar

- **Abkehrbesen** Wird gebraucht zum Entfernen der Bienen von den Waben.
- **Ableger** Kleines Bienenvolk, das aus einem großen Volk gewonnen wurde.
- **Ablegerkasten** Schmale Kiste für wenige Waben.
- **Abräumen** Entfernen von Honig- und Bruträumen.
- **Absperrgitter** Zur Trennung von Brutraum und Honigraum, Letzteren kann die Königin nicht betreten.
- **Abstandshalter** Sorgt für gleichen Abstand zwischen den Rähmchen.
- **Altwachs** Wird aus dunklen Waben (vom Honigschleudern) gewonnen für neue Wachsplatten oder Kerzen.
- **Aufsetzen** Mehr Raum geben für ein wachsendes Volk.
- **Ausgebautes Rähmchen** Es war schon einmal in einem Volk und hat eine fertige Wabenstruktur.
- **Bee Space** Abstand zwischen Rähmchen, der nicht verbaut wird.
- **Belegstellen** Isolierte Bienenstände für die Reinzucht.
- **Bestiften** Legetätigkeit der Königin.
- **Beute** Komplette Bienenwohnung mit Boden, Bruträumen und Deckel.
- **Bienenbrot** Pollen-Honig-Gemisch zur Fütterung von Arbeiterinnen.
- **Bienenflucht** Für die Bienen nur begehbar von oben nach unten: Sie verlassen den Honigraum.
- **Bienenmade** Die Larve wächst in der Zelle ab dem vierten Lebenstag bis zum Puppenstadium.
- **Brutnest** Kugelförmiger, beheizter Bereich im Volk für die Aufzucht des Nachwuchses.
- **Deckwabe** Wabe im Stock zu beiden Seiten und zur Begrenzung des Brutnestes. Deckwaben dienen als Futtervorrat.
- **Demeter-Imkerei** Biodynamische Bienenhaltung unter ganzheitlichen Aspekten.
- **Diagnoseboden** Dient mit ausziehbarer Lade und Gitter zur Kontrolle von Milben.
- **Drohnen** Männliche Tiere im Bienenvolk. In der Fachsprache der Imker ist die Einzahl „der Drohn", landläufig wird häufiger „die Drohne" verwendet.
- **Einfütterung** Gabe des Winterfutters nach Honigentnahme.
- **Einlöt-Trafo** Wird gebraucht zum Fixieren von Mittelwänden in Rähmchen.
- **Entdeckelung** Öffnen der Honigwaben vor dem Schleudern.
- **Faulbrut** Aus Amerika kommende, hochinfektiöse Bakterienerkrankung.
- **Fußabdruck-Pheromon** Abgegeben von der Königin, ist wichtig für die Harmonie im Volk.
- **Futterkappe** Oben und seitlich gelagerte Nahrung im Bienenstock.
- **Futtersaft** Birgt Nahrung für alle Bienenwesen im jüngsten Madenstadium.
- **Gelée royale** Nahrung für die Königin.
- **Hinterbehandler** Bienenstöcke mit rückwärtiger Öffnung.
- **Hochzeitsflug** Königinnen fliegen zur Begattung zu Drohnensammelplätzen.
- **Hungerschwarm** Er ist angriffslustig, weil der Proviant aufgebraucht wurde.
- **Jungfernzeugung** Die Königin entscheidet sozusagen während des Legevorganges über das Geschlecht: ein unbefruchtetes Ei wird zur Drohne, wenn zum Ei aber ein Samen zugefügt wird, entwickelt sich daraus eine weibliche Biene.
- **Kaltbau** Die Rähmchen stehen längs zum Flugloch.

- **Klotzbeute** Frühere Form der Imkerei, bei der ein hohles Baumstück als Bienenwohnung dient.
- **Kunstschwarm** Mehreren Kilogramm Bienen wird eine Königin zugesetzt.
- **Liebig-Dispenser** Verdunster zur Bekämpfung von Varroa-Milben.
- **Mäuserechen** Gezähntes Flugloch zum winterlichen Schutz vor Nagern.
- **Magazinbeuten** Stapelbare Bienenwohnung für die Aufstellung im Freien.
- **Mittelwände** Wachsplatten mit Bodenprägung für den Wabenbau.
- **Müllerin** Frisch geschlüpfte Biene mit hellem Haarkleid.
- **Nachschaffungszellen** Das Volk hilft sich nach dem Verlust der Königin selbst und zieht eine neue Königin nach.
- **Naturbau** Freier Wabenbau ohne Rähmchen und Mittelwände.
- **Nosema** Ansteckende Darmkrankheit bei Bienen.
- **Nymphenhäutchen** Verbleibende Hülle in der Bienenzelle nach dem Schlupf.
- **Ohren** Beidseitige Auflage eines Rähmchens in der Zarge.
- **Parthenogenese** Entwicklung einer Eizelle ohne vorhergegangene Befruchtung (siehe Jungfernzeugung).
- **Pheromon** Gemisch unterschiedlicher Duftstoffe, die als Botenstoffe abgegeben werden.
- **Pollenkamm** Fluglochblende zur Gewinnung von Pollen.
- **Propolis** Kittharz der Bienen, Breitband-Antibiotikum.
- **Räuberei** Gewaltsamer Honig-Diebstahl von Bienenvölkern untereinander.
- **Refraktometer** Handgerät zur Bestimmung des Wassergehaltes in Honig.
- **Sammeltrieb** Bienenfleiß: organisierte, zielstrebige Nahrungsbeschaffung.
- **Schwanenhals** Schmaler, biegsamer Ausgießer zum Träufeln von Oxalsäure-Lösung.
- **Schwarm** Er hat sich getrennt vom Volk und die alte Königin mitgenommen.
- **Schwirrläufer** Sie zeigen mit Gesten im Stock einen Schwarm oder eine starke Nahrungsquelle an.
- **Smoker** Rauchgerät des Imkers.
- **Spielzellen** Kurze Knubbel auf den Waben. Sie sind Vorboten des Schwarmtriebes.
- **Spritzprobe** Sie stellt fest, ob der Honig schon dick genug und damit reif ist.
- **Sterzeldrüse** Organ am Bienen-Hinterleib, das mit Lock-Pheromon gefüllt ist.
- **Stockmutter** Königin des Bienenvolkes.
- **Wabenbau** Bezieht alle ausgebauten Rähmchen eines Volkes ein.
- **Wachskreislauf** Aufarbeitung eigenen Wachses zu Mittelwänden.
- **Warmbau** Die Rähmchen stehen hier quer zum Flugloch.
- **Weiselfänger** Gläsernes Röhrchen für die Entnahme der Königin.
- **Weiselprobe** Zum Überprüfen, ob eine Königin da ist: Dafür wird offene Brut eines anderen Volkes eingehängt und man wartet ab, ob frische Weiselzellen herangezogen werden.
- **Winterbienen** Sie überdauern die kalte Jahreszeit und gründen im Frühjahr ein neues Volk.
- **Zarge** Brutraum, stapelbare Kiste der Magazinbeuten.
- **Zusetzkäfig** Kleine Schachtel, um dem Volk geschützt eine neue Königin zu geben.

Informationsquellen

- **Infobrief Bienen@Imkerei**
  Der Newsletter erscheint alle zwei Wochen und weist auf Arbeiten hin, die gerade am Bienenstock zu erledigen sind, Abo unentgeltlich, Spende erbeten.
  Teilnahme an internationalen Umfragen zu Blühverlauf, Varroa-Befall und Honigertrag. Entsteht in Zusammenarbeit der Bieneninstitute Mayen, Münster, Veitshöchheim, Kirchhain, Hohenheim und Hohen-Neuendorf.
  Kontakt und Anmeldung: info@apis-ev.de

- **Landesanstalt für Bienenkunde der Universität Hohenheim (Stuttgart)**
  Varroa-Telefon: 0049-711-459-22660, Kurse, Rückstandsuntersuchungen, Aktuelles
  www.bienenkunde.uni-hohenheim.de

- **Beespace – HomeCrossing**
  Ermittlung des Flugbereiches von 3–5 Kilometern am eigenen Bienenstand
  www.homecrossing.de/beespace

- **www.imkerforum.net**
  Internet-Forum zu Bienen und Imkerei, interessanter Marktplatz für gebrauchtes Gerät
  www.imkerforum.net

- **Biene Österreich**
  Dachverband österreichischer Bienenzuchtverbände:
  Aktuelles zu Förderungen, Bienenkrankheiten, Agrarpolitik
  www.biene-oesterreich.at

- **Biene aktuell**
  Österreichisches Imkerportal, Landwirt Agrarmedienverlag, Graz:
  Imkerbörse, Kleinanzeigen für Imkergerät
  www.bienenaktuell.com

- **Agentur für Gesundheit und Ernährungssicherheit AGES**
  Infoblätter für Imker zur Bienengesundheit
  www.ages.at/themen/umwelt/bienen/bienengesundheit/bienenkrankheiten

- **Universität für Bodenkultur, Wien**
  ARGE Bienenforschung, Bestäubungshandbuch
  https://forschung.boku.ac.at/fis/suchen.projekt_uebersicht?sprache_in=de&menue_id_in=300&id_in=6530

- **Karl-Franzens-Universität Graz**
  Informationen zu Bienenbiologie, Bienensterben, aktuelle Datenbank zum Bienensterben
  https://websuche.uni-graz.at/de/?L=0&id=64457&tx_solr%5Bq%5D=bienen

- **COLOSS**
  Abkürzung für: Prevention of honey bee COlony LOSSes. International standardisierte Erhebung der Winterverluste von Bienenvölkern
  www.bienenstand.at/datenbank

- **Bayerische Landesanstalt für Weinbau und Gartenbau, Veitshöchheim**
  Informationen zur Bienenhaltung, Bienenkrankheiten, Trachtpflanzen und Umweltfragen, zahlreiche Downloads
  www.lwg.bayern.de/bienen
  Faltblatt zur Veitshöchheimer Bienenweide – eine für Bienen entwickelte Saatgutmischung:
  www.lwg.bayern.de/mam/cms06/landespflege/dateien/merkblatt_artenreiche_ansaaten_.pdf

Bezugsquellen

Imkereibedarf und Imkergeräte

Österreich

- **Bienen Shop der Fa. BK ProTech**
  Hersteller Imkereigeräte
  Römerstraße 38, 8403 Lebring, Österreich
  Telefon: 0043 (0)3182 550550
  www.bienenshop.puff.co.at

- **Bienenwohnungen & Imkereibedarf Janisch**
  Auffen 54, 8272 Sebersdorf, Österreich
  Telefon: 0043 (0)3333 2094
  www.bienen-janisch.at

- **IBZ-Bienenhof, Bienen- und Naturproduktehandel**
  Kaiserstraße 33/1/9, 1070 Wien, Österreich
  Telefon: 0043 (0)1523 53740
  www.ibz-bienenhof.at

- **Imkereibedarf Schittenhelm**
  Hauptplatz 24, 2130 Mistelbach, Österreich
  Telefon: 0043 (0)2572 34111
  www.ibas.at

- **Imkerhof Salzburg**
  Wolfgangseestraße 108, 5321 Koppl bei Salzburg, Österreich
  Telefon: 0043 (0)6221 7342
  www.imkerhof-salzburg.at

- **Imkereigeräte Forthofer**
  Davisstraße 7, 5400 Hallein, Österreich
  Telefon: 0043 (0)6245 86737
  www.imkereigeraete.at

- **Metallwaren-Riffert, Bienenzuchtgeräte**
  Hersteller von Bienenzuchtgeräten, Imkereigeräten und Metallwaren
  Hinzenbach 7, 4070 Eferding, Österreich
  Telefon: 0043 (0)7272 2438
  www.metallwaren-riffert.at

- **Sewol Bienenbeuten – Holzindustrie**
  Wildenstein 9, 9132 Wildenstein, Österreich
  Telefon: 0043 (0)4221 2225
  www.sewol.at

- **Steirische Imkerschule**
  An der Kanzel 41, 8046 Graz, Österreich
  Telefon: 0043 (0)316 695849
  www.honig-onlineshop.at

- **Tiroler Imkergenossenschaft**
  Meraner Straße 2, 6020 Innsbruck, Österreich
  Telefon: 0043 (0)512 582383
  Meraner Straße 8, 6460 Imst, Österreich
  Telefon: 0043 (0)5412 66615
  www.tirolerbienenladen.at

- **Wachs-Hödl**
  Bienenwachsverarbeitung/Imkereibedarf/Wachsstube
  Haseldorf 75, 8493 Klöch, Österreich
  Telefon: 0043 (0)3475 2270
  www.wachs-hoedl.com

Deutschland

- **Bienen Ruck**
  Am Angertor 9, 97618 Wülfershausen, Deutschland
  Telefon: 0049 (0)976 2305
  www.bienen-ruck.de

- **Imkereibedarf Bienen-Voigt & Warnholz**
  Beim Haferhof 3, 25479 Ellerau, Deutschland
  Telefon: 0049 (0)4106 99530
  www.bienen-voigt.de

- **Imkereibedarf Heinrich Holtermann KG**
  Scheesseler Straße 12, 27386 Brockel, Deutschland
  Telefon: 0049 (0)4266 93040
  www.holtermann-shop.de

- **Kellmann Produktion**
  Produktion und Handel von Imkerei- und Bienenprodukten
  Industriestraße 34, 39576 Stendal, Deutschland
  Telefon: 0049 (0)3931 490370
  www.kellmann-produktion.de

- **Süddeutsche Imkergenossenschaft e.G.**
  Zillenhardtstraße 7, 73037 Göppingen, Deutschland
  Telefon: 0049 (0)7161 9874810
  www.suedd-imker.de

- **Werner Seip Biozentrum**
  Bienenzuchtbedarf/Biologische Produkte/Pferdesportbedarf
  Zum Weißen Stein 32–40, 35510 Butzbach, Deutschland
  Telefon: 0049 (0)6447 6026
  www.werner-seip.de

Schweiz

- **Imkereibedarf Bienen Roth & Co**
  Schuppis 26, 8492 Wila, Schweiz
  Telefon: 0041 (0)5238 51313
  www.bienen-roth.ch

- **Imkereibedarf Wespi GmbH**
  Sempachstraße 21, 6203 Sempach-Station, Schweiz
  Telefon: 0041 (0)4146 71481
  www.imkereibedarf-wespi.ch

International

- **Logar Trade**
  Hersteller Imkereigeräte
  Poslovna cona A 41, 4208 Šen ur, Slowenien
  Telefon: 00386 (0)4251 9410
  www.logar-trade.de

- **Swienty**
  Internationales Unternehmen für Imkereibedarf
  Hørtoftvej 16, Rageböl, 6400 Sønderborg, Dänemark
  Telefon: 0045 7448 6969
  www.swienty.com

Saatgut und Bienenweiden

Österreich

- **Arche Noah**
  Obere Straße 40, 3553 Schiltern, Österreich
  Telefon: 0043 (0)2734 8626
  www.arche-noah.at

- **AUSTROSAAT**
  Postfach 40, Oberlaaerstraße 279, 1232 Wien, Österreich
  Telefon: 0043 (0)1616 70230
  www.austrosaat.at

- **Reinsaat KG**
  St. Leonhard am Hornerwald 69, 3572 St. Leonhard am Hornerwald, Österreich
  Telefon: 0043 (0)02987 2347
  www.reinsaat.at

- **Samen Maier**
  Rieder Straße 7, 4753 Taiskirchen, Österreich
  Telefon: 0043 (0)7764 69240
  www.samen-maier.at

Deutschland

- **BSV Saaten**
  Max-von-Eyth-Straße 2–4, 85737 Ismaning, Deutschland
  Telefon: 0049 (0)8996 24350
  www.bsv-saaten.de

- **Fachverband Biogas e.V.**
  Angerbrunnenstraße 12, 85356 Freising, Deutschland
  Telefon: 0049 (0)8161 984660
  www.biogas.org

- **Saaten Zeller**
  Regionales Saatgut, städtischer Bereich, Landwirtschaft, nichtregionales Saatgut
  Ortsstraße 25, 63928 Eichenbühl-Guggenberg, Deutschland
  Telefon: 0049 (0)9378 530
  www.saaten-zeller.de

Labor

Deutschland

- **FoodQS**
  Labor für Honiganalytik, Bestimmung von Pestizid-Rückständen u.Ä.
  Mühlsteig 15, 90579 Langenzenn, Deutschland
  Telefon: 0049 (0)9101 701830
  www.foodqs.de

Literaturverzeichnis

(Verwendete Quellen und weiterführende Literatur)

- Kaspar Bienefeld (2005): Imkern Schritt für Schritt. Stuttgart.
- Waldemar Bloedorn (1987): Selbstgebautes für die Imkerei. Melsungen.
- Dr. Josef Bretschko (1973): Der Magazinimker. Graz.
- Gisela Droege (1989): Das Imkerbuch. Berlin.
- Ray Hill (1986): Propolis / Kittharz. Das natürliche Antibiotikum. München.
- Franz Lampeitl (1988): Bienen halten. Stuttgart.
- Dr. Gerhard Liebig (2002): Einfach imkern. Eigenverlag, Aichtal.
- Grete Meyerhoff (1985): Kleine Imkerschule. Berlin.
- Rudolf Moosbeckhofer und Josef Ulz (2002): Der erfolgreiche Imker. Graz.
- Manfred Neuhold (2006): Die Bienen-Hausapotheke. Graz.
- Wolfgang Oberrisser (2001): Imkerei-Produkte, Verarbeitung von Honig, Pollen, Wachs & Co. Graz.
- Wilhelm Oetting und Bernhard Schulze-Everding (1953): Praktische Bienenzucht. Minden.
- Gabriele Probst (1983): Die Bienenweide. Stuttgart.
- Claus Zeiler (1985): Ratschläge für den Freizeitimker. Melsungen.

Der Autor

Der Autor **Ingolf Hofmann** war rund 30 Jahre als Lokalredakteur in Bayern tätig, bis er seine Frau Annette und seine sieben Sachen packte und im Südburgenland einen baufälligen Arkadenhof wiederbelebte.

Bereits in den Kinderschuhen faszinierte ihn das fleißige Leben der Bienen in Nachbars Garten und so kam es, dass er nun schon seit 40 Jahren erfolgreich Bienen hält und mittlerweile von über 34 Bienenvölkern selbst Honig herstellt.

Sein Wissen über die Bienen und die Imkerei teilt er mit interessierten Hobbyimkern, denen er nun schon seit mehr als 10 Jahren in Kursen alles Wissenswerte über die Bienenhaltung vermittelt. Mit „Imkern leicht gemacht!" hat er sein erstes Buch veröffentlicht, in dem er alles Wichtige rund ums Imkern, aber auch gut verständliche Bauanleitungen zu Zubehör und viele hilfreiche Tipps & Tricks an seine Leserinnen und Leser weitergibt!

Nähere Informationen zu Ingolf Hofmanns Imkerkursen:

Garten Hofmann
Annette und Ingolf Hofmann
Hofried 5, 7543 Limbach, Österreich
Telefon: 0043 (0)3328 32171
Ingolf.hofmann@aon.at

Der Fotograf **Harald Hörtler** stammt aus Niederösterreich und lebt seit 2013 im Südburgenland. Gründe sind die reizvolle Landschaft und die natürliche Umwelt. Seit gut sechs Jahren begeistert er sich für die Fotografie. Details vor allem aus der Insektenwelt sind es, die Harald Hörtler in den Bann ziehen. Die Motive an den Bienenstöcken forderten häufig Geduld, oft war ein Quäntchen Glück dabei.

Honig als Spiegelbild der Landschaft – die wunderbare Geschichte einer Reise

Gemeinsam mit Nina Wessely hat Johannes Gruber Imker im ganzen Land besucht, um dem Geschmack und der Geschichte des Honigs nachzuspüren. Wolfgang Hummer hat sie dabei begleitet und über 100 stimmungsvolle Bilder eingefangen.

- **alles über Honig, seine Historie, Entstehung und Inhaltsstoffe in wundervollen Geschichten und Bildern erzählt**
- **lebendige Landschaftsporträts: Feldkulturen und Stadt, Hügel- und Moorlandschaft, Hochgebirge, Wald- und Aulandschaften**
- **ausführliche Beschreibungen zu den Bienenweiden: Vogelkirsche und Sonnenblume, Fichte und Alpenrose**
- **atmosphärisch dichte Porträts von Imkern aus ganz Österreich und Deutschland**
- **dem Geschmack des Honigs auf der Spur: jeder Imker präsentiert sein Lieblingsrezept**
- **mit Bildern zum Träumen von Wolfgang Hummer**

Johannes Gruber

„Honig ist Produkt der Bienen und zugleich Spiegelbild der Landschaft, aus der er stammt. Honig ist Natur in ihrer reinen Form. Honig ist pure Emotion."

Johannes Gruber | Nina Wessely | Wolfgang Hummer
Die Reise des Wanderimkers
Wie guter Honig zu seinem Geschmack kommt
264 Seiten, fest gebunden
mit Fotografien von Wolfgang Hummer
€ 29.90
ISBN 978-3-7066-2611-8
auch als E-Book erhältlich

Alles rund um die Selbstversorgung und wie sie gelingt – auf zum Genuss aus dem eigenen Biogarten!

Umfassend und praxisnah beschreibt Andrea Heistinger in Zusammenarbeit mit der Arche Noah, was man zum Thema Selbstversorgung wissen muss. Mit Anbauplänen und Kulturanleitungen, zahlreichen Tipps, Tricks und hilfreichen Empfehlungen sowie einem eigenen Kapitel zur Imkerei von Ingolf Hofmann.

Andrea Heistinger | Arche Noah
Basiswissen Selbstversorgung aus Biogärten
Individuelle und gemeinschaftliche Wege und Möglichkeiten
472 Seiten, fest gebunden
mit Fotografien von Rupert Pessl
€ 39.90
ISBN 978-3-7066-2548-7
auch als E-Book erhältlich

Für alle Liebhaber des süßen Goldes: die besten Honig-Rezepte in einem Buch!

Honig ist ein faszinierendes Naturprodukt: Er schmeckt angenehm süß, ist gesund und dank der großen Auswahl an aromatischen Sorten in der Küche vielfältig einsetzbar. Entdecken Sie den Honig als Heil- und Stärkungsmittel und verbessern Sie den Nährwert Ihrer Speisen mit den einfachen Rezepten von Hans Trenkwalder!

Hans Trenkwalder
Honig
Die besten Rezepte
128 Seiten, fest gebunden
mit zahlreichen Farbfotos
€ 12.95
ISBN 978-3-7066-2512-8